KB263522

국내외 스마트시티 관련 산업분석보고서 2023개정판

저자 비피기술거래 비피제이기술거래

SmartCity
2023

㈜ 비티타임즈

<제목 차례>

1

—

서론

1. 서론

인류는 지금까지 크게 4번의 산업혁명을 통해 성장해왔다고 할 수 있다. 기계화에 따른 1차 산업혁명, 전기 에너지에 기반을 둔 2차 산업혁명, 컴퓨터와 인터넷을 기반으로 하는 3차 산업혁명 그리고 지능과 정보에 기반을 둔 4차 산업혁명을 통해 생산성을 고도화 할 수 있었고, 그때마다 사회와 산업의 구조를 획기적으로 바꾸었다.

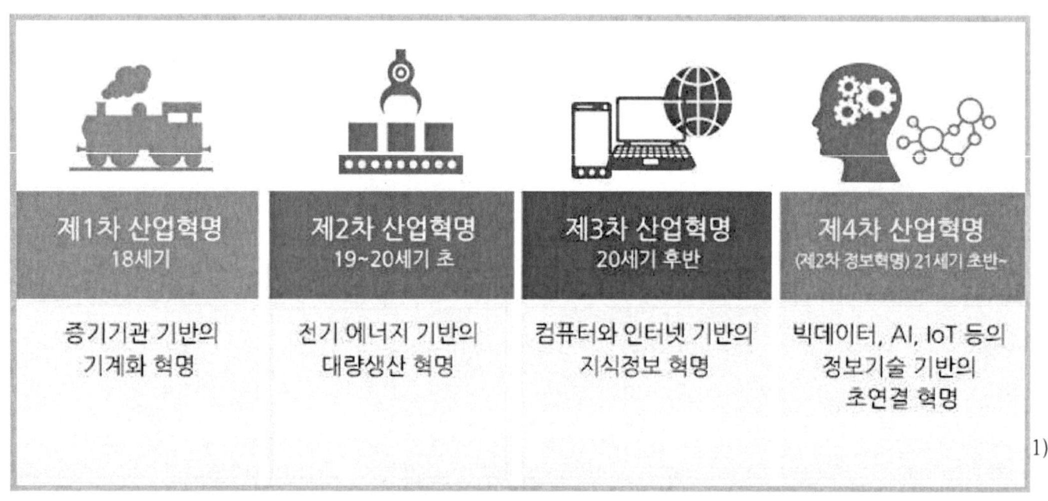

[그림 2] 4차 산업혁명

4차 산업혁명은 정보통신기술(ICT)이 제조업과 같은 다양한 산업들과 결합하며 지금까지는 볼 수 없었던 새로운 형태의 제품과 서비스, 비즈니스를 만들어 내는 것을 말한다.

4차 산업혁명의 시대를 맞이하여 사물인터넷, 자율주행과 같은 기술들이 큰 주목을 받고 있으며, 이러한 기술의 핵심에는 바로 "연결"이 있다고 해도 과언이 아니다. 지금까지는 단순히 사람과 제품, 제품과 제품의 연결에 집중했던 것과 달리, 4차 산업혁명에는 연결을 통해 어떻게 우리의 삶을 바꿀 수 있을 것인가에 초점을 두고 있다고 할 수 있다.

2016년 다보스 포럼에서 4차 산업혁명은 "모든 것이 연결되고 보다 지능적인 사회로 진화시켰다"고 선언된 것 과 같이, 4차 산업혁명을 통해 우리는 바로 "초연결 사회"로 진입했다고 할 수 있다.

---

1) 4차 산업혁명과 배터리, 삼성SDI

UN에 따르면, 세계 인구는 현재 70억 명에서 2050년까지 90억 명으로 증가할 것으로 전망하고 있는데, 급속한 도시화로 인하여 도시로 유입되는 인구는 25억 명 이상이 될 것으로 보고 있다.

물론 대부분의 도시인구 증가는 중국, 인도 등 아시아와 아프리카에서 발생할 것으로 보이며, 도시로의 인구유입에 따른 주택보급, 교통시설건설, 에너지 및 수자원 네트워크 구축 등이 중요한 과제이며, 도시의 효과적인 운영을 위해서 ICT를 활용하여 도시화를 보다 효율적이고 신속하게 하고자 한다. 90년대까지만 해도 화석연료 등 에너지 위기 등에 대비하여 지속가능한 도시에 대한 노력이 대부분이었으나, 2000년대 초반 정보통신기술의 발달을 계기로 우리나라 중심의 유비쿼터스도시(u-city), 디지털시티, 인텔리전트도시 등 다양한 도시의 모델이 제시되다가 최근에는 스마트시티로 수렴되고 있다.

즉 스마트시티는 선진국이나 개발도상국 할 것 없이 전 세계적으로 도시의 문제를 해결하기 위한 미래도시 모델로서 가장 주목받는 아이콘이다. 일반적으로 '스마트하다(Smartness)'라는 단어는 스마트시티를 거론하지 않더라도 스마트폰, 스마트팩토리, 스마트팜, 스마트교통 등과 같이 기존 시스템과 ICT가 결합되어 기존의 성능과 편의성을 향상시키거나 새로운 가치를 창출할 수 있는 기능을 통칭하는 표현이다.

하지만, 스마트시티는 광범위한 분야와 관련되어 있고, 도시의 특징을 단순하게 특정화하기 힘든 측면도 있어 스마트시티를 명확하게 정의하기는 곤란하다. 그럼에도 불구하고, 스마트시티는 사물인터넷, 빅데이터, 통신네트워크 기술을 도시인프라와 결합하여 도시운영효율화와 시민 삶의 질 향상 등의 도시혁신을 추구한다는 측면에서 공통점이 있으며, 진행되는 형태는 국가와 도시의 여건과 환경, 기술의 수용성과 성숙도, 시민들의 참여정도에 따라서 다양하게 나타나고 있다.

도시는 그동안 산업혁명의 등장과 더불어 대규모 변화를 겪어왔는데, 1차 산업혁명이 발생하였을 때는 기계화 및 철도의 등장으로 공업도시가 등장하게 되었으며, 2차 산업혁명 시기에는 자동차의 등장으로 도시가 급격히 팽창하게 되었다. 정보통신기술의 발달에 따른 도시는 보다 지능화되고, 자동화되며 각종 시스템들이 체계적으로 자리 잡게 되었는데, 4차 산업혁명기술의 등장으로 인해서 도시는 새로운 대전환의 시대를 맞게 되었다. 우리나라의 경우 2018년부터 세종 5-1생활권과 부산 에코델타시티(EDC)를 스마트시티 '국가시범도시'로 지정하고, 4차 산업혁명기술이 접목된 최첨단 프로젝트'가 진행 중에 있다.

아직까지 스마트시티의 성공적인 모델이 명확하게 정립되어 있지 않지만, 스마트시티는 앞으로도 지속적으로 발전할 것이고, 다양한 형태로 서비스를 발생시키면서 도시

문제를 해결하고 혁신을 가속화시키는 중요한 분야로 자리 잡을 것이다.

2

스마트시티(Smart City) 개요

2. 스마트시티(Smart City) 개요
가. 스마트시티 정의

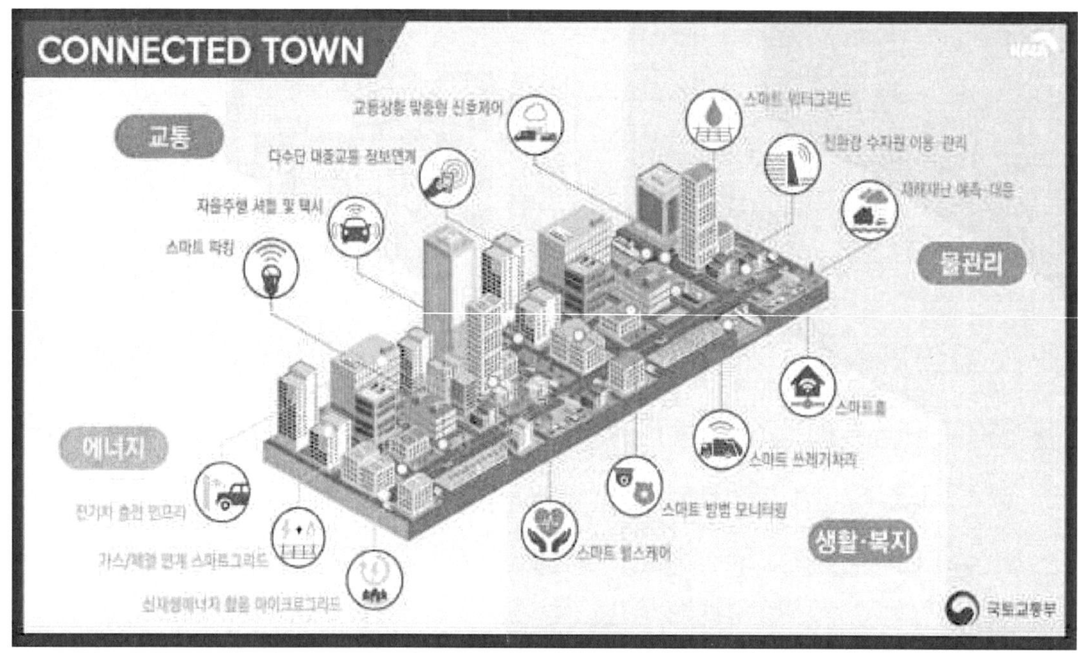

스마트시티는 첨단 정보통신기술(ICT)을 이용해 도시 생활 속에서 유발되는 교통 문제, 환경 문제, 주거 문제, 시설 비효율 등을 해결하여 시민들이 편리하고 쾌적한 삶을 누릴 수 있도록 한 '똑똑한 도시'를 뜻한다.

첨단 정보통신기술(ICT)로 인해 발전한 다양한 유형의 전자적 데이터 수집 센서를 사용해서 정보를 취득하고, 이를 자산과 리소스를 효율적으로 관리하는 데 사용하는 도시 지역을 일컬으며 정보통신기술을 이용하여 도시 생활 속에서 유발되는 교통 문제, 환경 문제, 주거 문제, 시설 비효율 등을 해결하고 시민들이 편리하고 쾌적한 삶을 누릴 수 있도록 하는 데 목적이 있다. 스마트 시티는 각국 경제 및 발전 수준, 도시 상황과 여건에 따라 매우 다양하게 정의.활용되고, 접근 전략에도 차이가 있다.

스마트 시티가 도시 문제를 해소할 수 있을 뿐만 아니라 4차 산업혁명에 선제적으로 대응하고 새로운 성장 동력을 창출할 수 있는 대안으로 떠오르면서, 세계 각국의 도시가 스마트 시티 구축에 나서고 있다. 스마트 시티가 구축되면 실시간으로 교통정보를 얻을 수 있어 이동 거리가 줄고, 원격 근무가 가능해지는 등 거주자들의 생활이 편리해질 뿐만 아니라 이산화탄소 배출량도 줄일 수 있다. 2)

---

2) 네이버 시사상식사전

도시는 도시영역 내에서 교통, 에너지, 수자원, 통신네트워크 등 다양한 시스템이 중첩된 복잡계로서 통합적이고 체계적인 접근을 위해서 스마트시티를 다음과 같은 세 가지 영역으로 구분할 수 있다. 첫째는 물리적인 인프라, 둘째는 플랫폼, 네트워크 등이 결합된 사이버공간, 셋째는 물리적 인프라과 사이버공간의 상호작용을 통하여 발생하는 서비스 및 거버넌스를 다루는 사회적 공간이다. 이러한 세 가지 공간을 연결하고 제어하는 가장 중요한 요소는 데이터라고 볼 수 있는데, 스마트시티는 어떻게 데이터 간 상호운용성을 확보하고, 향후 데이터가 체계적으로 통합되고 거버넌스를 형성하여 나가는 것이 중요한 관건이 된다.

각 시스템이 적용되는 방식은 사물인터넷 등 다양한 센싱기술을 적용하여 시설물 상태 및 운영상황 등에 대한 모니터링을 통하여 데이터를 수집하고, 데이터를 관리하기 위한 플랫폼을 운영해서 확보된 정보를 바탕으로 시설물을 통제하거나 상황에 대처할 수 있게 된다. 스마트시티는 각 사일로시스템이 수평적으로 연계되어 통합적인 관리체계를 형성하게 되는데, 이 과정에서 발생하는 빅데이터를 패턴화하여 다양한 인공지능 알고리즘을 접목함으로써 시스템의 효율성을 극대화할 수도 있다.

또한, 시스템에서 확보된 정보를 공공에 open API 형태로 개방하게 되면, 데이터세트를 활용하여 민간비즈니스를 발생시킬 수 있으며, 도시의 행정에 대한 보다 투명하고 정확한 정보를 제공함으로써 정책의 신뢰성을 높일 수 있다. 또한, 정보의 수집을 시설물에 설치된 센서뿐 아니라 시민들의 행위특성이 고려된 크라우드정보 및 SNS까지 확대하게 되면, 도시는 그야말로 거대한 데이터의 실험공간으로 작동하게 된다. 따라서, 최근 스마트시티는 이러한 데이터를 얼마나 효과적으로 확보하고, 이를 적절하게 활용할 수 있느냐에 스마트시티의 성패가 좌우된다고 할 수 있다.[3]

---

3) 스마트시티의 등장과 최근 동향/ 한국교통연구원

나. 스마트시티 등장 배경 및 목적

1) 스마트시티의 성장 요인

가) 도시개발

도시지역에는 인구 밀집도가 높을 뿐만 아니라, 비례적으로 에너지, 토지 및 기타 자원의 이용도 점차 증가하고 있다. 세계인구가 도시지역으로 계속 집중되는 것은 지속가능한 개발 이슈를 해결하는 것과 관련하여 이들이 점차 중요해진다는 것을 의미하고, 즉, 지속가능한 도시개발은 지속가능한 개발을 위한 필수조건이 되고 있다.

지속가능한 개발과 도시화 이슈가 복합되면서, 지속가능한 도시지역은 연구, 교육, 정책결정 및 비즈니스 등 사회의 모든 분야에 대한 관심이 생겨나게 되었다.

공공부문의 정책계획 수립 및 정책결정에서 지속가능한 도시개발에 대한 인지적 욕구(perceived need)는 지역 종합계획과 환경프로그램에서 뿐만 아니라 국제 포럼, 국제헌장 및 국제기구, 국가 프로그램 및 국가 목표 등에서 찾아 볼 수 있다.

국내 및 국제적인 것을 통틀어 볼 때 ICLEI(Local Governments for Sustainability - 지방자치단체 국제교류협회), C40 도시 기후선도 그룹(C40 Cities climate leadership group) 및 Clinton Climate Initiative(클린턴 재단의 클린턴 기후구상)-Cities program 등과 같은 네트워크는 실질적으로 지속가능한 도시 개발을 가장 잘 추진하는 방법에 관한 경험공유 및 상호학습에 목표를 두고 있다.

나) 환경문제와 지속 가능한 발전의 세계화

UN이 환경문제를 공식적으로 다루기 시작한 것은 1972년 스웨덴 스톡홀름에서 개최한 UN 인간·환경회의에서 비롯되었다. 환경문제를 세계 각국이 그 심각성을 인정하고 인류의 운명을 구하기 위해서 이를 실천할 국제기구로서 UN 산하에 전문 기구 설립의 필요성이 제기되었고, 1973년에 유엔환경계획(UNEP)이 발족하게 되었다. 이후 40년 이상 동안 일련의 UN 회의들을 통해 전 세계적 환경문제의 중요성이 날로 강조되어 오고 있다.

지난 1972년 UN 회의가 열릴 때까지 환경문제는 주로 지역적인 문제로만 비추어졌으나, 40여년이 지나면서 세계 공동의 문제로 인식되었다. 지속가능한 발전이라는 개념은 스톡홀름 회의에서 처음 사용된 것으로 알려져 있으며, 환경적인 제약을 고려하지 못한 경제개발은 낭비적이고 지속불가능하다는 지적이었다. 지속가능한 발전이란 목표는 산발적으로만 제기되었다가, 1980년 국제자연보전연맹회의(International Union for Conservation of Nature)에서 채택된 세계보전전략(World Conservation Strategy)에서 처음으로 주요 목표로 자리 잡았다.

1992년 6월, 브라질 리우에서 열린 유엔환경개발회의의 주 의제가 지속 가능한 발전이 되면서, 이제 지속 가능한 발전은 세계인의 일상용어가 되기에 이르렀다. 리우 회의에서는 환경과 개발에 관한 27개 원칙으로 구성된 '리우 선언'과 지구환경보전행동계획인 '의제21' 및 기후변화협약, 생물 다양성 협약, 산림원칙성명이 채택되었다.

2002년 남아프리카 요하네스버그에서 개최된 '지속가능발전세계정상회의(WSSD)'는 회의 주제(Priority theme)를 '인간, 지구, 번영(People, Planet & Prosperity)'으로 채택하였는데 이러한 주제의 채택은 지구촌 최대의 과제가 이제는 환경보호라는 소극적 주제를 넘어 지속가능발전이라는 적극적인 주제로 전환되어야 함을 강조하는 의미이며, 여기서 지속가능발전은 사회발전과 통합, 환경보호, 경제성장이라는 3대 축을 아우르는 것으로 이해되게 되었다.

다) 정보통신기술(ICT)

정보통신기술(ICT)의 발전은 사람들이 그들의 삶을 살아가는 방법과 일, 여가 및 사회가 편성되는 방법에 엄청난 영향을 끼쳐왔다. 전산화 용량에 소요되는 비용과 규모의 감소는 많은 신제품, 서비스 및 비즈니스 모델들을 촉진시켜 왔으며, 대표적으로 ICT는 음악과 책 등을 전자화하였고, 이동하지 않고도 멀리 떨어진 사람과 소통하는 것을 가능하게 했다.

최근 스마트시티가 사물인터넷(IoT)과 인공지능(AI), 사이버물리시스템(CPS), 빅데이터 솔루션 등 최신 ICT기술이 접목된 차세대 개념으로 주목받고 있다. 스마트시티는 도시행정의 효율을 높일 수 있는 다양한 서비스와 기술을 포함하는 개념으로, 도로, 항만, 수도, 전기, 학교 등 도시의 인프라를 효율적으로 관리하고 공공데이터를 수집·활용해 교통, 에너지 등 다양한 도시문제를 해결하고 새로운 가치를 창출하는 데 목적이 있다.

최근 스마트시티의 핵심은 단순한 정보도시의 구축 뿐만이 아니라 지능을 갖춘 도시로의 변화이다. 스마트기기를 기반으로 무선 네트워크를 통하여 모든 사물과의 통신을 기본으로 하고, 시민들의 의식적이고 능동적인 대응이 아닌 실질적인 자율 및 내재 컴퓨팅으로 동작하게 된다. 스마트시티는 시대에 맞는 이상적인 도시로 데이터와 주변의 자연과 에너지가 어우러진 도시 생태계를 의미한다.

특히, 지능형 ICT를 기반으로 한 것은 우리나라의 U시티가 선도적인 사례라고 할 수 있다. 2004년 U코리아 계획의 일환으로 추진한 U시티는 당시만 해도 매우 혁신적인 시도였다.

기술면에서도 그때까지만 해도 거의 적용 사례가 없었던 USN(유비쿼터스 센서 네트워크) 혹은 WSN(무선 센서 네트워크)을 도시 내에 설치하여 서비스를 제공하려하였다. 현재의 개념으로 하면 IoT(사물인터넷)를 도시 전체에 구축하려는 게 U시티의 목표였다.

하지만, 우리나라의 U시티는 기대만큼 성과를 내지 못했다. 당시 기술수준으로는 USN을 활용하는 게 경제적으로나 기술적으로 타산이 맞지 않았던 것으로 분석되나 U시티의 지향점, 즉 센서를 활용해 도시 기능과 서비스를 고도화하려는 접근법은 이후 여러 도시에 영향을 주었다.

라) 도시화

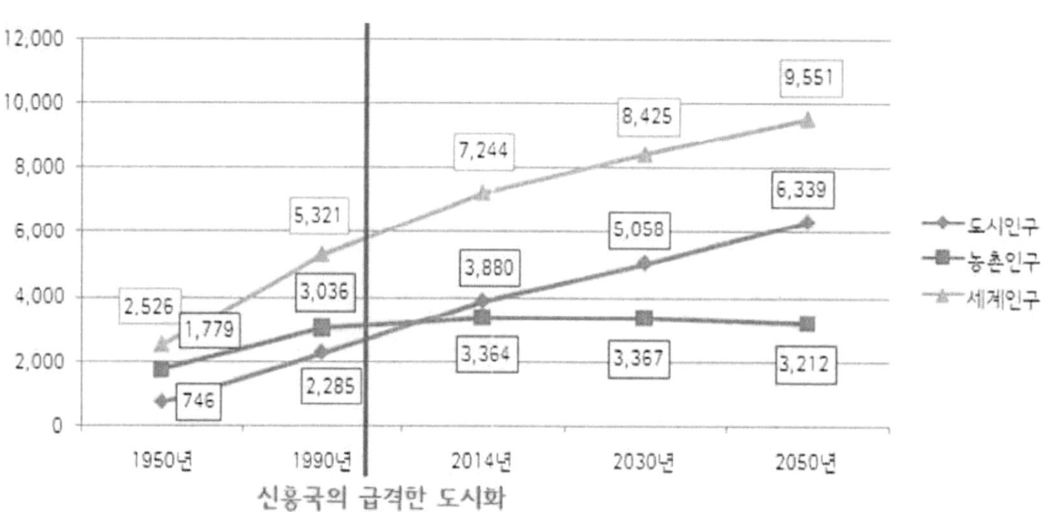

UN의 도시화 보고 자료에 따르면, 세계의 도시 인구는 1950년 7억 4,600만 명이었지만, 40년 후인 1990년 22억 8,500만 명으로 늘었다. 그러나 그로부터 24년 후인 2014년 세계 도시 인구는 38억 8000만 명으로 증가하고, 그 후 16년 후인 2030년에 도시 인구는 50억 5,800만 명으로 증가한다.

1950년부터 1990년까지 40년간 연평균 도시인구 증가는 3,847만 명인데 반해 1990

년부터 2014년까지는 연평균 도시인구 증가는 6,646만 명으로 증가했고, 2015년부터 2030년까지 16년은 연평균 7362만 명의 도시 인구가 증가할 예정이다.

위 표처럼 2050년 도시인구는 세계인구의 66%를 차지할 것으로 예상되지만, 그 중 선진국에서 도시거주자는 전체인구의 86%로 저개발국가의 도시거주자 64% 대비 훨씬 높게 나타날 것으로 전망되고 있다.

한편, 2014년 발표된 UN 세계 도시화 전망 보고서에 따르면, 2050년까지 전 세계적으로 30억 명 이상의 인구가 도시로 유입될 것으로 전망되고, 특히 아시아, 아프리카에서 도시화가 급속도로 진행될 것으로 예상되고 있다.

이에 따라, 향후 20년간 매년 30만 명 규모 신도시 250개 건설 수요가 발생될 것으로 예측되고 있다.

즉, 스마트시티는 전 세계적으로 도시화에 따른 자원 및 인프라 부족, 교통 혼잡, 에너지 부족 등 각종 도시문제가 점차 심화될 것으로 전망 되며 도시문제의 효율적 해결과 함께, 4차 산업혁명에 선제적으로 대응하고 新성장동력을 창출하고자 빠르게 확산중이다. 이와 같이 스마트시티는 향후 10년간 가장 빠른 성장이 예상되는 시장으로 평가되고 있다.

다. 스마트시티의 주요 목표

1. 서비스의 효율성	공공 리소스의 사용을 최적화하고 고품질의 시민 서비스를 제공하기 위함.
2. 지속가능성	환경적 영향에 대한 깊이 있는 고려를 기반으로 도시의 성장과 개발을 추진하기 위함.
3. 이동성	시민, 노동자, 방문객들이 도시를 좀 더 편하게 다닐 수 있도록 하기 위함(도보, 자전거, 차량, 대중교통 등 이동 수단에 관계 없이).
4. 안전 및 보안	일상생활 및 특별한 행사에 있어 공공 안전 및 보안성을 향상시키고, 응급 상황 및 재난 재해에 가능한 최선의 준비 태세를 갖추기 위함.
5. 경제 성장	기업, 투자자, 시민, 방문객들을 끌어들이기 위함.
6. 도시 평판	도시의 이미지와 평판을 지속적으로 향상시키기 위함.

라. 스마트시티 발전과정

분류	설명
1단계 태동기 (1996~2002)	- 1990년대 중반 디지털시티 확산을 계기로 태동(1993년 암스테르담 디지털시티, 1996년 헬싱키eAnra 2000, 1998년 쿄토 등) - 실제 스마트시티는 도시 혁신을 주도한 Eco-City, Sustainable City 등 도시 지속성장 프로젝트가 해당
2단계 성장기 (2003~2011)	- 2003년 한국 u-City를 기점으로 기술주도형 스마트시티 태동 - 전략의 중심이 부분적 정보기술 활용에서 전반적 도시 정보화로 이동 - 2008년 IBM의 Smarter Planet을 계기로 CISCO 등 글로벌 기업이 스마트시티에 참여 - 유럽과 미국에서는 Open Innovation과 연계되면서 Living Lab으로 발전
3단계 확산 및 고도화기 (2012~현재)	- 2012년 중국이 스마트시티 구축을 공식화하면서 세계적으로 급속히 확산 - 2012년 구글의 딥러닝 기술발전 등으로 스마트시티 고도화 빨라짐 - 2015년 인도 모디총리가 스마트시티 구축전략을 발표하면서 스마트시티가 개도국에도 확실히 정착

*출처 : 스마트시티 개념과 표준화현황(한국정보통신기술협회, 2018.9.)

그림 8 스마트시티 발전과정

스마트시티의 발전과정을 보면 ① 에너지, 인터넷 등 단위기술을 활용하여 도시 지속가능성을 높이던 단계, ② 센서를 활용하여 도시효율성을 높이던 단계, ③ 데이터 분석기술을 활용하여 도시 서비스를 고도화하는 단계, 그리고 ④ AI, 로봇 등 지능기술을 적용하여 도시를 지능화하는 단계로 구분할 수 있다.

변화의 규모와 파급효과를 보면 스마트시티가 도시문제의 해결을 지향하는 개선(reform) 단계에서 새로운 도시를 만드는 변혁(transform) 단계로 진화하고 있다. 달리 말해 지금까지의 스마트시티가 도시 구조 자체는 바꾸지 않으면서 문제를 해결하는 개선을 지향했던 것과 달리, 앞으로는 새로운 기술과 제도를 적용하여 새로운 도시 구조를 만드는 변혁을 목표로 할 것으로 보인다.

	1단계 (~'13)	2단계 ('14~'17)	3단계 ('18~)
목표	건설 · 정보통신산업 융복합형 신성장 육성	저비용 고효율 서비스	도시 문제해결 혁신 생태계 육성
정보	수직적 데이터 통합	수평적 데이터 통합	다자간 · 양방향
플랫폼	폐쇄형 (Silo 타입)	폐쇄형 + 개방형	폐쇄형 + 개방형 (확장)
제도	U-City법 제1차 U-City종합계획	U-City법 제2차 U-City종합계획	스마트도시법, 4차산업위 스마트시티 추진전략
주체	중앙정부(국토부) 중심	중앙정부(개별) + 지자체(일부)	중앙정부(협업) + 지자체(확대)
대상	신도시(165만㎡ 이상)	신도시 + 기존도시(일부)	신도시 + 기존도시(확대)
사업	통합운영센터, 통신망 등 물리적 인프라 구축	공공 통합플랫폼 구축 및 호환성 확보, 규격화 추진	국가시범도시 조성 다양한 공모사업 추진

그림 9 스마트시티 단계별 발전과정

마. 스마트시티의 구성요소

스마트시티는 다양한 혁신기술을 도시 인프라와 결합해 구현하고 융·복합할 수 있는 공간("도시플랫폼")으로 아래 표와 같이 크게 7가지 요소로 구분된다.

표 2 스마트시티 7가지 구성요소

구분		주요내용	추진체계
인프라	도시 인프라	- 스마트시티 관련 기술 및 서비스 등을 적용할 수 있는 도시 하드웨어 - 스마트시티는 기본적으로 소프트웨어적이지만 도시하드웨어 발전 필요	- 도시개발사업자/건설산업
	ICT인프라	- 유·무선 통신 인프라의 도시 전체연결	- ICT 산업
	공간정보 인프라	- 현실공간과 사이버공간 융합을 위해 공간정보의 핵심 플랫폼 등장 - 공간정보 이용자가 사람에서 사물로 변화	- 공공의 GIS주도에서 향후 민간주도 GIS 산업
데이터	IoT	- 도시 내 각종 인프라와 사물을 센서 기반으로 네트워크에 연결 - 스마트시티 전체 시장 규모에서 가장 큰 시장을 형성하며 투자 역시 가장 필요	- 교통, 에너지, 안전 등 각종 도시 운영 주체가 주도

	데이터 공유	- 협의의 스마트시티 플랫폼 - 데이터의 자유로운 공유 및 활용 - 도시 내 스마트시티 리더의 주도적 역할 필요	- 초기 공공주도에서 데이터 시장 형성 후 민간 주도
서비스	알고리즘&서비스	- 실제 활용 가능한 품질 및 신뢰도의 지능서비스 개발 계층 - 데이터의 처리 분석 등 활용 능력 중요 - 유럽 Living Lab 등에서 다양한 시범사업 전개	- 공공 및 민간의 다양한 주체 등장 - 도시의 역할은 신뢰성 관리 - 한국이 취약한 부문
	도시혁신	- 도시문제 해결을 위한 아이디어, 서비스가 가능한 환경 조성 - 정치적 리더십 및 사회신뢰 등의 사회적 자본이 작용하는 영역 - 중앙정부의 법제도 혁신 기능 필요	- 시민이 주도하고 정치권 지원

4)

---

4) 4차 산업혁명 핵심 융합사례 스마트시티 개념과 표준화 현황/ 한국정보통신기술협회

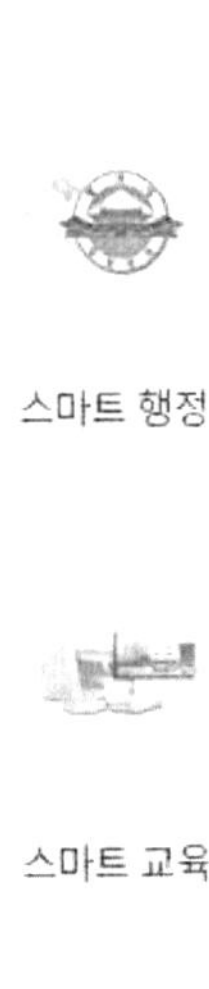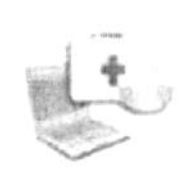

그림 10 스마트시티 구조/스마트도시협회

스마트시티의 하드웨어 인프라는 도시기반 시설관리 네트워크, 교통, 빌딩, 물리적 환경 등의 기술적 요소이며 센서는 사물인터넷(IoT) 구동을 위한 센서네트워크, 터미널 노드 등의 기술적 요소이다.

네트워크는 와이파이, 도시백본망, 유무선 통신망 등의 기술적 요소이며 데이터 및 지원은 데이터 수집, 저장, 분석, 활용 등의 어플리케이션 지원을 위한 기술적 요소이고 마지막으로 어플리케이션은 스마트 정부, 경제, 교통, 안전, 관광, 건강, 교육, 빌딩, 에너지, 물, 폐기물 관리 등의 서비스 요소를 뜻한다.

이 중 가장 중요한 요소로 꼽히는 교육, 교통, 안전, 환경에 대해 알아보고자 한다.

1) 스마트시티와 교육

한국 정부는 '5년 내 세계 최고 수준의 스마트시티 조성'이라는 슬로건을 발표하며 국토교통부를 전담 부처로 지정해 세종과 부산에 국가시범도시를 조성하고 있다. 세종시의 경우 세종시의 초 1교, 중 2교, 고 1교 모두 4개 학교가 에듀테크 시범학교로 선정되어 스마트시티에 들어설 첨단 학교의 교육활동에 대한 연구를 진행 중이다.

세종교육은 '스마트시티 국가시범도시'의 학교(유2 2023년 개원 예정, 초2·중1·고1 2024년 개교 예정)에 미래성, 혁신성, 지역성을 담아 새로운 국내·외의 모델을 제시하는 프로세스를 추진하고 있다.

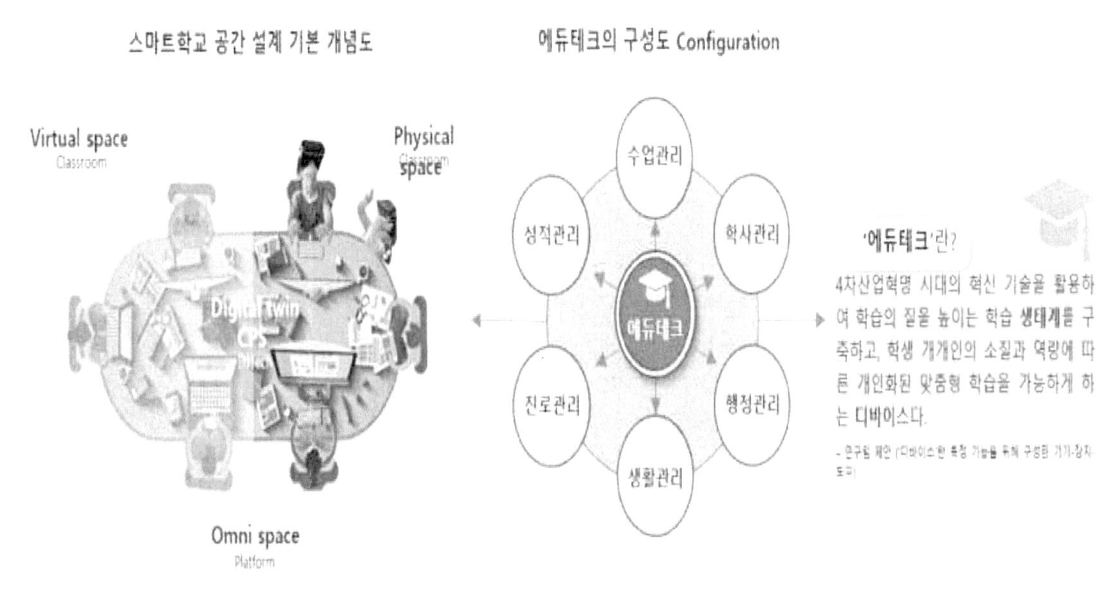

그림 11 스마트학교 개념도

미래성의 핵심은 학생이 자신의 속도와 방법으로 학습하는 개별화 교육으로 에듀테크를 적극 활용하여 구현될 계획이다. 개별화 교육은 학생이 교사, 전문가, 기술의 도움을 받아 자신의 교육과정을 구성하고 운영하며 평가하는 형태를 말한다. 학생이 개별적으로 이해하고 익힐 과제와 친구(전문가)와 협력하여 해결해야 할 과제가 분명하게 제시되고 과제에 대한 계획, 실행, 결과가 기록되고 분석되어 학생과 교사에게 피드백된다. 이는 수업자료, 평가자료, 채점과 분석시스템, 협력과 저작도구뿐만 아니라 학교 안팎에서 학습과 안전을 지원하는 시스템에 대한 세심한 준비를 요구한다.

혁신성의 핵심은 집단지성이다. 스마트시티의 유, 초, 중, 고는 상호 연계된다. 학생들이 공교육을 통하여 자신의 소질과 적성·타인과 사회를 이해하고 이를 바탕으로 자신의 가치, 진학, 진로를 계획하여 실행할 수 있도록 유, 초, 중, 고의 교육과정이 연계된다. 학생들은 학급을 넘어 주제와 흥미에 맞춰 팀 학습을 일상으로 수행한다. 교사들은 매년 정기적 협의를 통해 비전, 목표, 내용, 방법을 조정한다. 또한 학교와 지역사회 역시 연계된다.

학교는 지역의 복합커뮤니티센터, 공원, 과학교육원, 박물관 등과 연결되고, 학교 역시 지역주민에게 체육시설, 도서관, 실습시설 등을 효율적으로 개방하도록 건축된다. 학교와 지역사회는 매년 정기적으로 만나 학교와 지역의 협력 대상과 방법을 결정한다. 교원, 학부모, 학생, 지역사회의 집단지성은 학생 개개인의 학습, 돌봄, 참여, 체험 등의 요구를 효과적으로 제공한다.

스마트시티 국가시범도시 내 학교의 세 번째 방향은 지역성이다. 스마트시티의 가장 큰 특징은 데이터화이다. 도시의 모든 움직임(교통, 통신, 생활, 예술, 소비, 에너지 등)은 데이터로 축적된다. 학생들은 스마트시티의 데이터를 활용하여 사회와 사람을 이해하고 도시에 참여하며 시민이 된다. 스마트시티의 안전한 교통시스템 속에서 학생들은 학교뿐만 아니라 지역의 다양한 기관, 시설, 기기를 직접 방문하여 학습하고 사용한다. 학교 안팎이 모두 교육공간이 된다.[5]

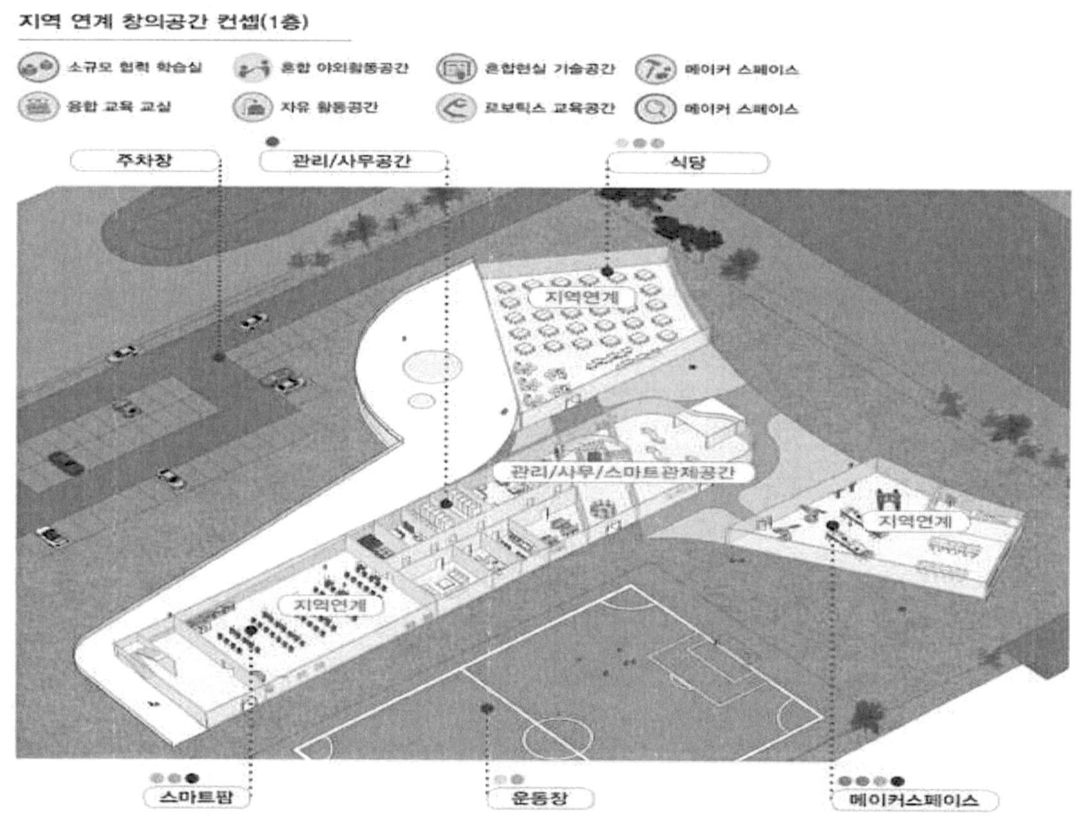

그림 12 스마트시티 국가시범도시 학교 콘셉트 설계도

---

5) 스마트시티 세종에 최첨단 미래 교육, 이제 현실이 됐다/ 세종의소리

교육은 두 국가시범도시의 핵심 혁신 요소 중의 하나로, 지속 가능한 도시 건설을 위해 ICT 기술이 활용된 에듀테크(EdTech 또는 EduTech)를 도입하고, 학교 교육과 생애 학습이 이어지는 새로운 도시 기반의 교육 혁신 모델을 제시하는 것을 목표로 하고 있다.

한국교육학술정보원(이하 KERIS)에서는 미래 사회 핵심 역량을 갖춘 인재를 양성하기 위한 질 높은 스마트시티 교육 기반 마련을 위해 관계 부처 및 기관, 교육 수요자, 에듀테크 기업 등 다양한 이해관계자들과의 협업으로 스마트시티 교육 부문의 실행 전략을 수립하고 있다. 또한 활동 중심 교육을 강화하고 학습 공간/시설 공유가 가능한 혁신적 교육환경을 제공하는 것을 목표로 스마트시티의 핵심 학습 센터로서 학교 공간 모델에 대한 기초 설계도 함께 추진하고 있다.

국가 시범도시의 교육은 학교 담장을 넘어 도시 전체를 학교 교육의 장으로 활용한다는 점이 기존 교육과 다르며 센서 등 설비를 통해 학생과 도시민 데이터도 축적한다. 스마트시티 초등교육 콘셉트에서는 학생들의 활동 센싱 데이터에 따라 공간이 유기적으로 변하는 'D스페이스' 개념이 제시되기도 했다.

초등교육에서는 학생 활동 데이터에 따른 공간의 다양성을 강조한 한편 중등에서는 교육서비스 플랫폼과 생애주기 아카데미 플랫폼까지 이어질 전망이다.

끝으로 세종특별자치시교육청은 지난 2020년부터 2021년 9월까지 진행한 공간, 교육과정, 에듀테크 분야의 연구와 실증 사례 성과를 공유하며 스마트시티 교육 분야 서비스의 방향을 '도시 전체를 하나의 학교로 조성하는 것'으로 합의했고, 스마트시티 내 설립될 학교가 미래 학교의 모델로 자리매김할 수 있도록 철저히 준비할 뜻을 내보였다.

2) 스마트시티와 교통

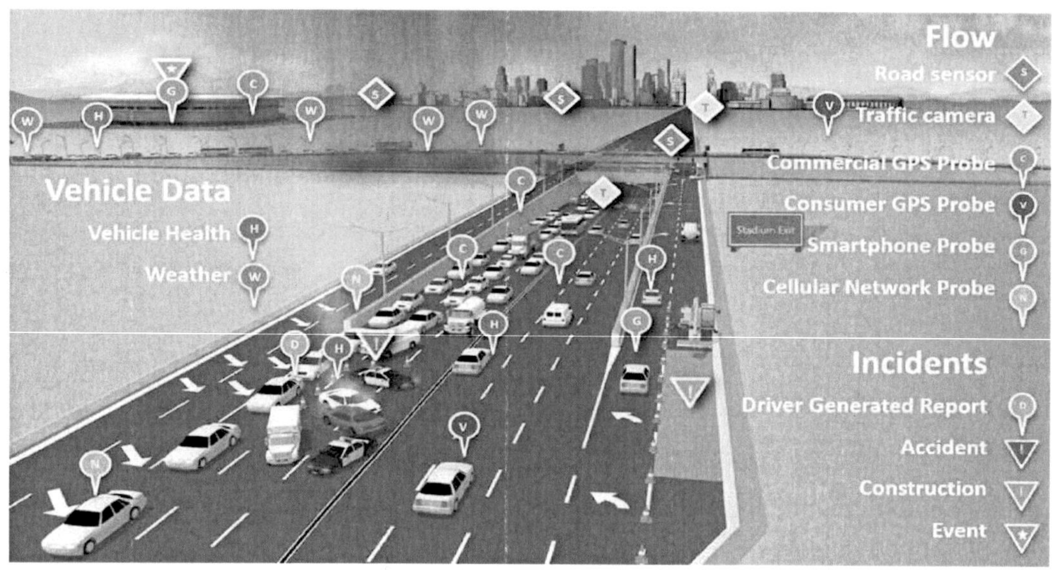

스마트시티의 교통은 '통합플랫폼에서 생성되는 모든 정보를 유기적으로 연계 및 통합하여 사용자에게 스마트한 교통서비스를 제공하는 안전성/신속성/쾌적성/편리성/친환경성이 최적화된 교통시스템' 으로 정의할 수 있다.

스마트시티 교통의 특성은 네트워크, 사용자 중심. 시스템 간 연계 및 통합(Connected System of Systems)의 3가지로 들 수 있는데, 이러한 특성은 스마트시티 환경에서 수단, 인프라, 정보, 생활 등 정보 오픈(Open) 및 공유형 교통시스템, 통합플랫폼을 통한 각 분야의 모든 정보를 호환 연계되는 통합시스템, 정보공유를 통한 주문형(On Demand)의 맞춤형 최적 교통서비스를 제공해 줄 수 있다. 또한 스마트시티에서 교통은 ICT, IoT, Big Data, 인공지능 등을 활용하여 타 분야와 연계되고 통합 된 교통시스템, 스마트하고 지능화된 교통시스템, 시민이 참여하는 교통시스템, 편리한 교통시스템이 되어야 한다. 스마트시티에서 교통부문 니즈를 충족하려면 4가지 필요조건이 고려되어야 하는데 이는 다음과 같다.

1. 타 분야와 연계 및 통합된(Connectivity & Integration) 교통
2. 스마트 및 지능화된(Intelligent) 교통
3. 시민참여(Citizen's Participation) 교통
4. 편리하게 이용 가능한(Easy & Convenient) 교통

이러한 스마트시티는 4차 산업혁명의 종합플랫폼이라고 볼 수 있는데, 스마트시티의

도메인 중에서 가장 주목을 받는 분야는 교통이라고 볼 수 있다. 교통 분야는 최근 우버와 리프트, 타다 등과 같이 공유교통수단의 등장과 기존 운송체계와의 갈등상황이 일어나고 있지만, 퍼스널 모빌리티의 등장, 자율자동차의 기술발전, 드론택시의 시험운영 등 기존의 교통모드와 다른 형태의 온디맨드 교통수단의 등장은 모빌리티 환경을 급속하게 변화시킬 것으로 전망되고 있다.

특히, 사용자 중심의 모빌리티 서비스를 의미하는 MaaS(Mobility as a Service)의 등장은 기존의 교통수단, 교통정보, 교통결제 등의 분리된 시스템을 하나로 통합할 수 있는 기술적인 바탕을 제공한다는 측면에서 주목할 만하다. 또한, 에너지와 교통과의 연계 등 2016년 오하이오주 콜롬버스에서 시도되고 있는 'Smart Columbus' 프로젝트는 교통과 연계되는 다양한 스마트시티의 실험모델이라고 할 수 있다. C-ITS와 V2G기술의 접목을 통하여 교통약자를 고려하고, 콜롬버스 도시민의 이동편의성을 도모하는 모델을 성공적으로 진행하게 되면, 스마트시티에서의 교통은 보다 넓은 영역으로 전개될 것으로 기대된다.

자율자동차가 본격적으로 도시 안에서 운영되고, 도시 내에 자동차를 대부분 전기차로 운행하게 되면, 도시의 에너지 수급체계도 달라질 수 있다. 또한, First Mile-Last Mile 운송수단으로 퍼스널 모빌리티는 지속적으로 확대될 것인데, 과연 지속가능한 도시의 교통은 어떤 형태의 교통수단이 최적이 운송형태로 자리매김할지는 앞으로 다양한 시도를 통하여 자리 잡게 될 것으로 전망된다. 이를 위하여 우선 소규모로 실험을 하고 성공적인 사례를 바탕으로 확대해나가는 것이 현명한 방법일 것이다. 아울러 다양한 인접영역과의 협력체계를 유지하는 것이 스마트시티와 교통의 발전을 위한 첩경이라고 본다. 여전히 공공성이 강한 스마트시티와 스마트 교통에 대하여 국가는 통합적이고 전략적인 투자와 실행이 더욱 절실히 요구되는 상황이라고 볼 수 있다.

스마트시티에서 교통체계를 구상하는 목적은 교통과 밀접하게 데이터 연계가 되는 빌딩, 에너지, 환경, 안전 등 도시구성요소의 데이터와 연계를 통해 시민들에게 스마트한 서비스를 제공하는 데 있다. 따라서 스마트시티 교통체계를 구상하는 큰 그림, 즉 전체적인 스마트시티에서는 모든 도시 구성요소의 빅 데이터를 개방형 플랫폼에 국제표준에 맞게 연계하여 각 구성요소별 서비스를 개발 및 제공하게 된다.

그리고 스마트시티 교통은 통합플랫폼에 저장된 타 분야의 데이터를 활용하여 새로운 교통서비스를 창출하는 것뿐만 아니라, 현재 제공되는 교통서비스를 보다 고품질의 서비스로 다시 업그레이드하는 것이다. 스마트시티 교통과 스마트 시티 타 분야(에너지, 도시관리, 물 등) 간의 시너지가 강할수록 스마트시티의 완성도가 높아지는데, 이는 각 부문의 이용자가 타 부문의 이용자에 영향을 미치는 체인 리액션(Chain Reaction)의 관계가 형성될 수 있다.

3) 스마트시티와 안전

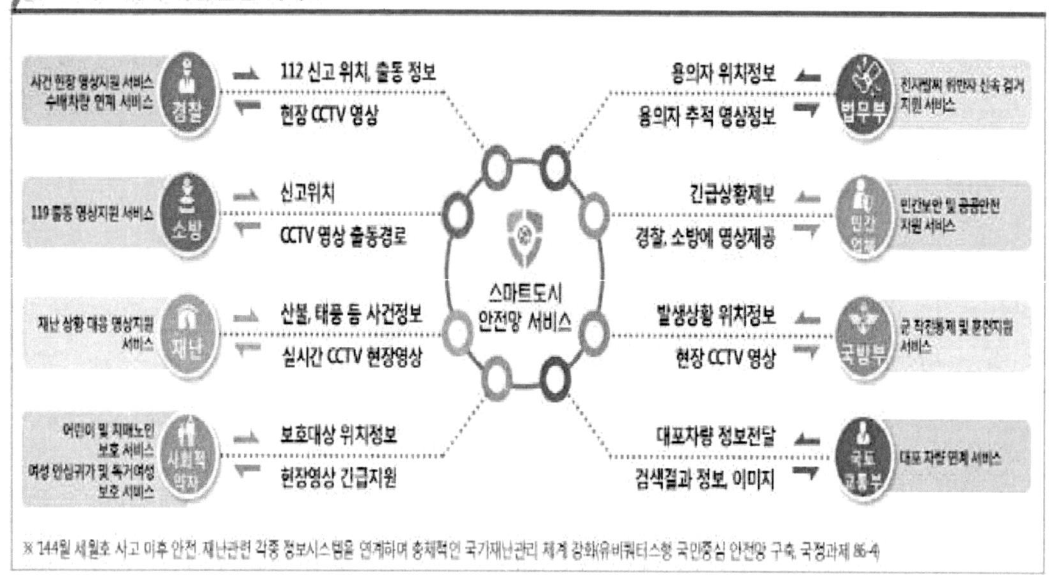

스마트시티의 안전은 신기술 기반의 플랫폼과 서비스를 접목하여 다양한 위험요인으로부터 안전한 도시를 구축함으로써 시민들이 안전을 체감할 수 있고 예방적 위험관리가 가능토록 변화시키는 데 목적이 있으며 재난으로부터 시민이 안전한 도시로 만들고 안전 환경 개선을 위해 지역사회 구성원들이 안전공동체를 형성하여 안전사고와 재난 예방을 위해 환경을 개선한다.

최근 재난 및 안전 분야의 도시문제 해결을 위해 4차 산업혁명의 신기술을 접목한 스마트 안전도시의 필요성이 증대되고 있으며, 이에 따라 유럽, 미국, 일본, 싱가포르 등 많은 나라에서도 스마트 안전도시 구축을 가속화하고 있다. 기존 서울시의 안전관리는 관 주도의 일방적인 안전정보 제공으로 시민 체감도가 낮고, 재난 분야별 안전관리가 산재하여 있으며, 재난 발생 시 예방중심의 업무가 상대적으로 미흡하다. 이에 시민들이 체감할 수 있는 안전서비스를 제공하고, 예방중심의 재난관리와 통합적인 대응 체계가 이루어질 수 있는 스마트 안전도시가 구축될 필요가 있다.

스마트 도시 안전망이 체계적으로 구축되면 앞으로 재난·안전관리체계를 효과적으로 접목시키고 공유해 긴급 상황 발생 시 최적의 대응체계를 갖추고 골든타임을 확보 할 수 있다. 실제 도입된 각종 정보시스템을 효과적으로 접목시킨 스마트 도시 안전망이 긴급 상황 발생 시 신속한 구조를 하는 등 시민 안전에 기여하며 효과를 내고 있다.

예컨대, 대전광역시의 경우 지자체와 112, 119, 재난 등 국가 재난안전체계를 연계한 5대 연계서비스 기반을 구축해 운영 중이다. 그 동안 112, 119 망 연계로 지난 2017년 각 상황별 1만5117건의 CCTV 영상 정보를 제공해 2016년 대비 범죄율이 6.2% 감소했고 검거율은 2.7% 증가한 바 있다. 119는 출동시간을 5.58초에서 7.26초로 단축했고 7분 이내 출동율 3.1%에서 78.5% 개선된 성과를 거뒀다.

학교의 경우는 특히 안전플랫폼 구축이 중요한데 확장된 배움터에서 다양한 활동을 하기 위해서는 학생들의 안전을 위한 교육 환경에 대한 고려가 우선적으로 이루어져야 할 것이다. KERIS의 'Future School 2030' 가이드라인에 따르면 학교는 개방성과 안정성을 갖는 배움터로써 학생 안전 개선 방향을 제시하고 있다.

지역사회 구성원 측면에서, 일반적인 학교 울타리인 폐쇄형 담장을 투명하게 바꾸거나, 지하 주차장과 같이 어두운 공간의 조명을 밝게 만들어, 학생과 학교 관계자 등의 시야가 최대한 확보될 수 있게 하면 자연스러운 감시가 이루어질 수 있다. 또한 공용 공간에 일반인과 지역 주민들이 많이 드나들게 하여 활동을 활성화하는 것 역시 자연적 감시 기능을 강화할 수 있는 하나의 방법이다.

또한 학교 환경 측면에서는 설계된 공간대로 사람들이 출입하거나 이동할 수 있게 하여 허가 받지 않은 사람들의 출입을 차단함으로써 자연적인 접근 제한이 이루어지게 할 수 있다. 또한 지역 개방 공간과 내부 영역을 확실하게 구분하거나, 시설물이나 공공장소를 지속적으로 관리하여 불법 행위가 허용되지 않는 분위기로 만들 수 있다.

4) 스마트시티와 환경

가) 대기환경

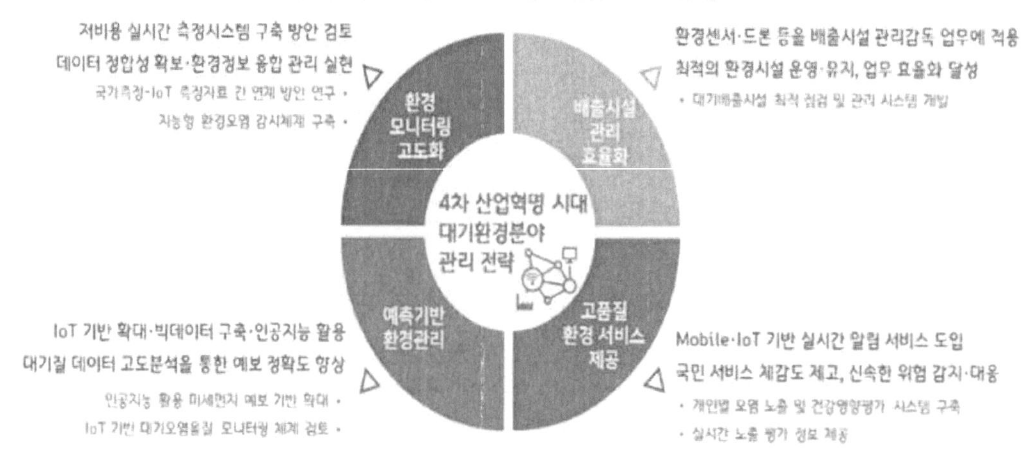

지난 2017년 정부는 국가「 4차 산업혁명 대응 계획」에서 인공지능·빅데이터 기술을 활용한 미세먼지 원인 규명 사물인터넷 기반 측정 제도화 원인물질 제거 장치의 개발 등을 통한 대기오염 농도 감축 계획 수립 등 발표했다. 국민 생활과 직결된 미세먼지 문제는 실시간 측정과 예측 촘촘한 오염 배출원 관리와 구축 등을 통해 정확한 분석이 이루어져야 신속한 대응과 함께 실질적 성과로 연결 되어야 할 것이다.

인구밀집지역을 중심으로 보급형 센서에 기반 한 고해상도 대기질 계측 인프라를 구축하고 빅데이터 및 수치예보 결과와 머신러닝 기술을 접목한 인공지능 대기질 예측 시스템을 실용화하여 4차 산업혁명과 연관된 기술을 대기환경관리에 접목시켜 대기질 데이터를 고도화하고 배출시설 관리 대기환경정보시스템에 활용해야 할 것이다.

나) 수자원 환경

최근 수질 이용 및 관리는 하드웨어적 접근에서 소프트웨어적 접근으로 전환되는 추세이다. 4차 산업혁명의 융합 기술을 기반으로 지능화된 정보 수집과 입체적인 결과 분석은 수자원 환경 변화의 사전 예측 및 전망 등 사전 예방적 수자원 환경 체계로 변화를 촉진하고 있다.

관련 기관 및 목적에 따라 분절적으로 조사 수집 되고 있는 수환경 정보의 효율적 수집 관리 공유를 위한 수 환경 통합정보 빅데이터 플랫폼 구축이 필요하다. 특히 4차 산업혁명 기술의 발달로 수환경 관리의 기술적 지원은 체계적이고 전문화되어가고 있는 반면 수환경 관련 정보는 기관 및 목적에 따라 분절적으로 수행되고 있어 수환경 정보의 통합적 관리와 소셜미디어의 활용과 정보공유체계 구축 기술을 활용한 배출시설 실시간 모니터링 및 관리감독체계 구축이 필요한 것으로 보인다.

<산업혁명과 상하수도 시스템의 발전>

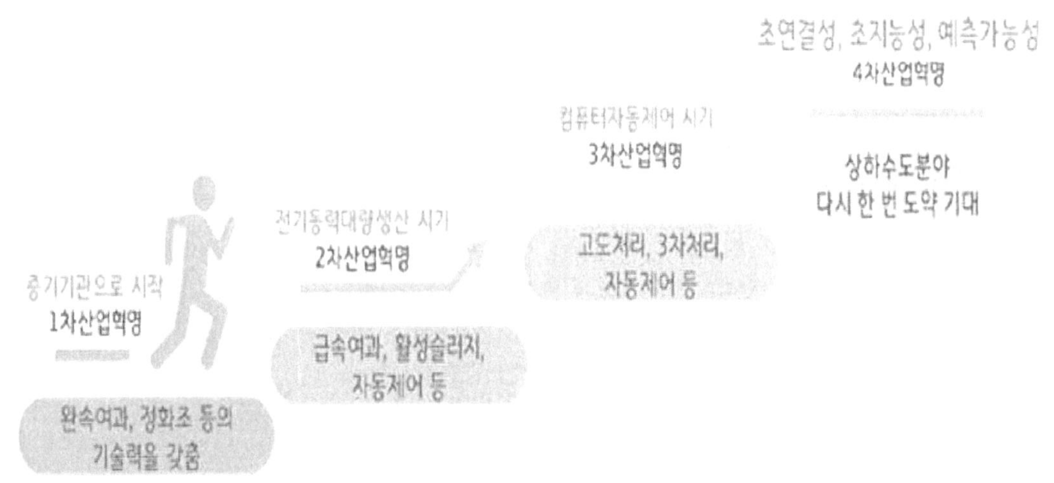

자료 : 경기연구원 작성(2019).

우리나라의 상수도 보급률이 99%에 육박하고 있어서 4차 산업기술은 운영관리와 상수관로의 유지관리의 첨단화에 치중하는 것이 타당하며 하수도보급율도 전국 93.2%, 경기도 94%.2로 선진국 수준이나 노후화로 인한 지반침하 문제가 발생하고 있어서 하수도 시설의 운영관리와 노후관 안전관리에 관심이 요구된다.

다) 자원순환 환경

최근 세계적으로 제품 설계단계부터 재활용을 고려 자원을 지속 활용하는 순환경제로 전환을 추진하고 있고 국내에는 IoT를 이용한 폐기물 수거시스템 로봇 이용 폐기물 선별 등 다양한 모델들의 시범운영 진행되고 있다. 국내의 폐기물관리시스템은 RFID, GPS시스템 도입 및 재활용 앱의 활용 등을 통하여 데이터를 축적하고 통계작성 및 정보제공의 역할을 수행하고 있다.

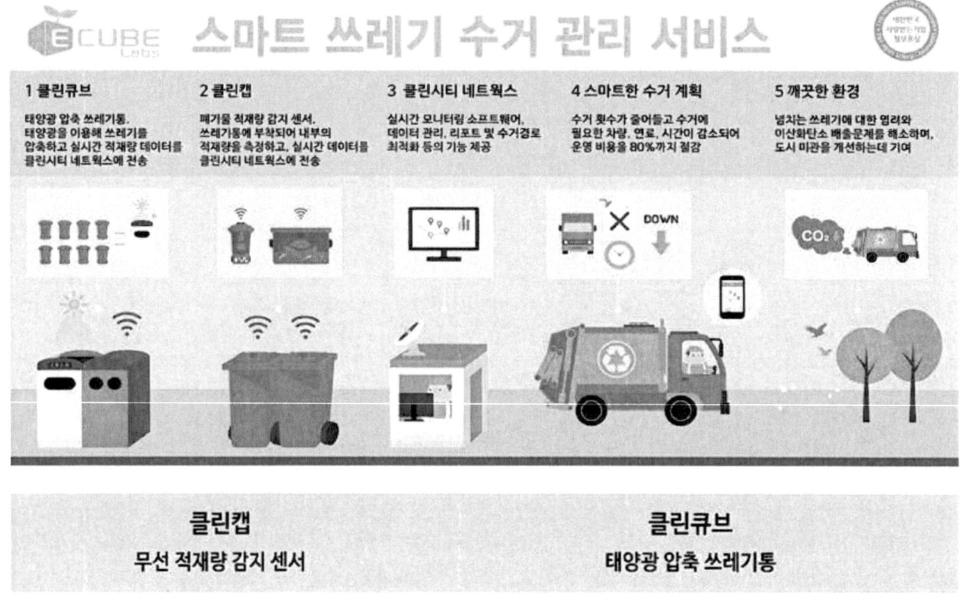

라) 기후변화 및 에너지

스마트 수요반응 다양한 재생에너지원의 통합 전기자동차의 스마트 충전 소규모 분산 전원 및 프로슈머 확대 등 디지털화에 따른 전력시스템 변화하고 있다. 정부는 에너지 프로슈머 저탄소 발전 전기차 확산 친환경 공정·기술 개발 등 4대 에너지 신산업 육성을 통해 50만 개 일자리와 100조 원의 신시장 창출 기대하고 있다.

4차 산업혁명은 기술융합과 네트워킹을 특징으로 하므로 민·관·산·학 협력 체계 구축 및 에너지 신산업 생태계 조성을 위한 지원 필요하며 산업단지 및 대학 마이크로그리드 스마트시티를 활용한 에너지 신산업 비즈니스 모델 실증 및 시장 창출 스마트팩토리 사업과 연계한 경기도형 에너지 신산업 모델 개발 등 기후변화 에너지 문제 대응이 필요한 영역과 공간적 특성을 고려한 유형별 선도 사례 구축 및 확산이 필요하다.

마) 환경보건

4차 산업혁명의 기술발전으로 인해 기존 의료기관 중심의 의료서비스 패러다임은 개인중심 맞춤형 정밀의료 및 예측의료로 변화되고 있으며 개인중심 통합건강정보시스템 및 지역사회 스마트 헬스케어 모델이 등장했다. 4차 산업혁명 시대 스마트 환경보건 체계의 구축을 위해 환경 건강 통합 정보시스템 구축 및 맞춤형 환경보건서비스 제공과 개인의 건강 관련 정보들과 함께 생활환경 일터환경 학교환경 등 공간 및 장소별 환경정보들을 비롯하여 수질 대기 토양 등 매체별 정보에 이르기까지 건강에 영향을 미칠 수 있는 다양한 환경 관련 정보들이 통합된 빅데이터의 구축이 필요한 실정이다.6)

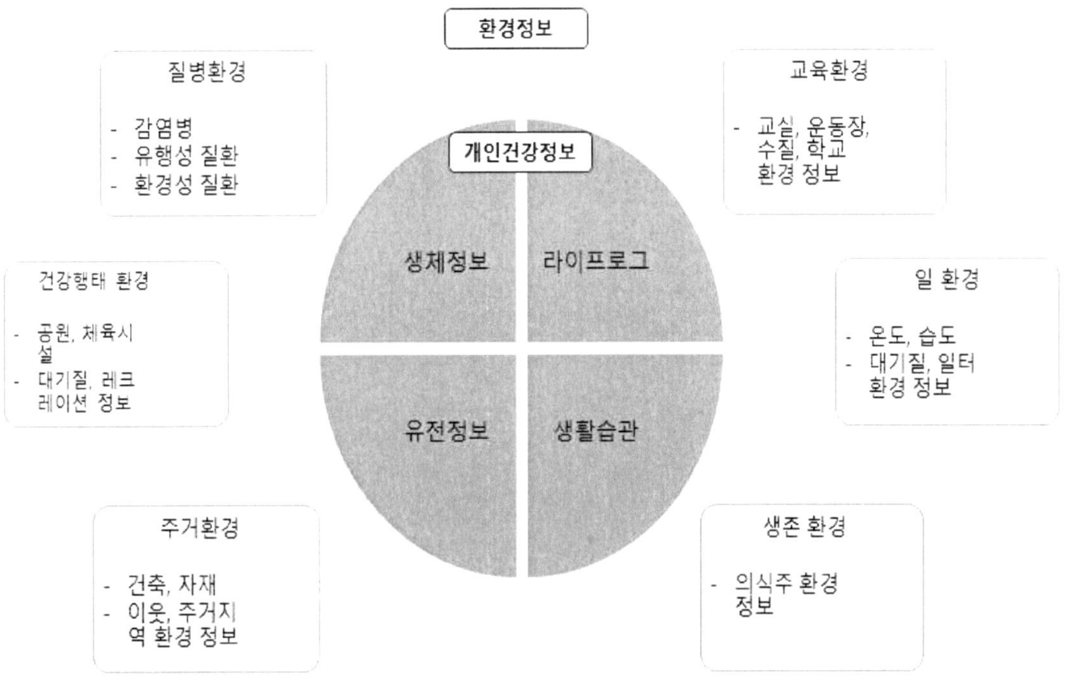

---

6) 4차 산업혁명 시대 스마트 환경관리 체계로의 전환 [경기연구원 이슈&진단]

바. 스마트시티가 가져올 변화

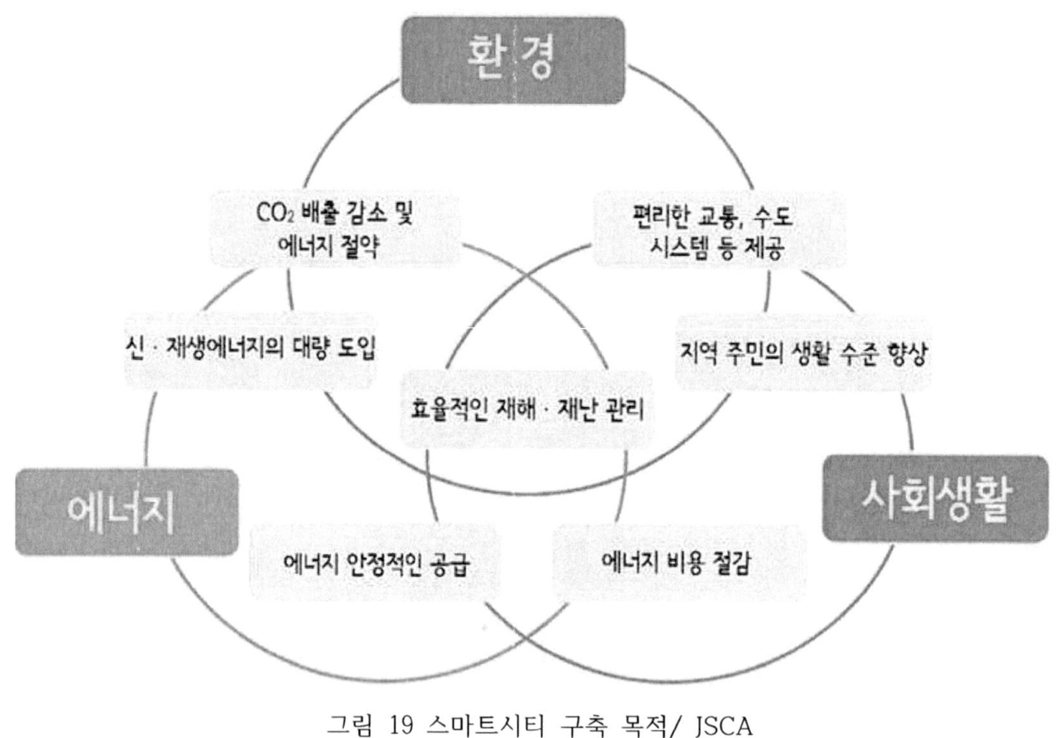

그림 19 스마트시티 구축 목적/ JSCA

1) CO2 배출 감소 및 에너지 절약

도시의 고도화가 진행됨에 따라 1인당 소비하는 에너지는 시간이 지남에 따라 비례적으로 증가하여 왔으나 향후 지속 가능한 사회를 구축하는데 있어서 사회 시스템은 환경을 해치지 않아야 하며, 에너지 소비를 최대한 억제하여야 한다.

이에, 스마트시티는 에너지 절약 기기의 적극적인 도입을 촉구하는 동시에 수요 반응(Demand Response) 기술과 각 에너지 관리 시스템(HEMS, BEMS, FEMS), 전기 자동차 등 다양한 신에너지와의 통합 기술, 원활한 교통 시스템의 도입 등의 접근에서 도시민들이 소비하는 에너지의 최적화를 목표로 한다.

민간 주도로 진행 중인 암스테르담의 스마트시티는 2025년 CO2 배출량을 1990년 기준 40%로 감축하는 것을 목표로 스마트그리드 기술을 도입해 에너지 공급, 소비를 관리 중이다.

2) 신·재생에너지의 대량 도입

이미 세계적으로 태양광 발전, 풍력 발전을 비롯한 신·재생 에너지는 도입이 가속화되고 있으며, 전력 시스템은 신·재생 에너지를 최대한 받아들일 수 있도록 진화해야 한다. 신·재생 가능 에너지가 대량으로 보급된 경우에는 전력 시스템의 전압 및 주파수의 변동뿐만 아니라 시스템 전체의 수요와 공급의 균형을 유지하는 것이 어려워지는 등의 과제가 있다.

이러한 과제는 에너지 저장 장치의 활용과 분산형 전원의 통합 제어 기술 등이 매우 효과적인 해결수단이다. 스마트시티는 이러한 기술을 결합하여 문제를 해결할 수 있을 것으로 보인다.

3) 에너지 안정 공급

에너지 공급의 신뢰도 및 전기 품질의 끊임없는 개선은 항상 요구되어 오고 있다. 시·재생 에너지 통합은 전력 시스템에 악영향을 미칠 것으로 우려되고 있으나, 스마트시티는 이러한 과제를 해결하고 나가야 한다.

고급 정보 시스템에 의한 제어·보호 기술과 최근 주목을 받고 있는 에너지 저장 기술 등을 구사하여 스마트시티는 공급 신뢰도 향상, 전력 품질의 안정화 등 에너지 공급 시스템의 안정화에 기여해 나갈 것이다.

4) 에너지 비용 절감

최근 주목을 받고 있는 수요 반응(Demand Response) 기술과 정보 통신 기술을 전력 시스템에 적극적으로 활용하여 수요의 에너지 비용을 최적화하고 나아가 사회 전체의 에너지 비용을 최적화한다.

스마트시티의 주요 사업인 스마트그리드는 기존의 전력망에 정보통신기술(ICT)을 융합시켜 전력 공급자와 소비자가 양방향으로 실시간 정보를 교환함으로서 에너지를 효율적으로 관리할 수 있는 시스템이다.

프랑스 파리 인근의 '이시레물리노'라는 스마트시티는 연결/소통/관리를 통한 에너지 소비를 절약하는 스마트 그리드(지능형 통신망) 실증실험인 '이시그리드(Issy Grid)'로 유명하다. 이시그리드는 200여 곳의 집과 1만 명의 직원, 빌딩과 학교, 태양광 발전, 12대의 전기차, 28개의가로등, 데이터센터 등으로 구성된다. 부착된 센서와 보조 장치로 서로 소통하고 통제하며, 이 센서들이 매달 데이터센터로 5,000만개가 넘는 정보를 보낸다. 이를 통해 건물, 가정, 가로등, 전기차 등 전력을 소비하는 모든 포인트에 에너지사용량과 현황을 모니터링할 수 있고 에너지 사용을 조정하여 20% 이상 사용량을 절감할 수 있다.

특히 에너지의 소비 분산을 통해 피크타임 에너지 소비를 줄인다. 예를 들어 새벽에 남는 전기로 냉각수를 만들어 낮에 냉방하고 전기차 배터리를 충전한다. 아침/저녁은 집, 낮에는 사무실, 새벽에는 전기차가 전기를 많이 소비할 수 있도록 수요를 조절한다.

국내에서도 한국전력공사의 빅데이터 분석을 통해 전력 수요의 분산, 실시간 제어를 가능하게 함으로서 피크전력 및 에너지절약, 온실가스 감축 등 다양한 편익이 발생되는 것으로 평가하고 있다.

5) 지역 주민의 생활수준 향상

시대와 함께 사람들의 생활 편의는 향상되어 왔지만, 유효한 자원에는 한계가 있다. 지속 가능한 사회에서는 사회 구성원 개개인이 자원의 유한성에 대한 자율성을 가지며, 자원의 유효 활용과 관리를 스스로 해 나가도록 하고 이에 사회 시스템은 자율적인 사회 구성원의 삶의 질을 향상시켜 나갈 필요가 있다.

스마트시티는 에너지뿐만 아니라 교통 및 상하수도 시스템 등 도시민들의 생활과 밀접하게 결부된 사회 인프라는 사회의 고도화에 따라 현재보다 편리한 서비스를 제공하여 생활수준을 향상시킨다. 예를 들어, 스마트 교통 시스템은 스마트폰 등 정보 단말기를 활용한 서비스의 예약 및 발권, 위치 정보의 제공, 음악 정보의 전달, 카 셰어링 등의 서비스를 통합하여 사용에 편리성을 향상시킨다.

6) 효율적인 재해 관리

2016년 11월 30일, 대구 최대 전통시장인 서문시장에 대형화재가 발생하며 재난 대응 및 예방시스템에 대한 관심이 증대되고 있다. 급속한 도시화로 녹지가 줄어들고 기후변화에 따른 이상 현상이 목격됨에 따라 재난이 대형화되고 새로운 종류의 재난이 발생하는 등 복합적인 위험이 등장하고 있다.

국내에서도 재난재해의 범위와 공공책임은 지속적으로 증대하나 재난 대응에 대한 국가 경쟁력은 OECD 34개 국가 중 25위(2014년 정부경쟁력 평가)로 저조한 실정이다. 이에, 정부가 미래 성장 동력으로 발표한 9대 국가전략 프로젝트 스마트시티를 추진하여 지방자치단체의 중점분야 중 하나인 재난 안전을 관리하려고 한다.

IoT 센서를 적재적소에 설치해 데이터를 충분히 확보하고 빅데이터 분석능력을 강화해 재난재해에 대한 예측력 강화하고, 신종 재난요소에 대한 체계적 분석을 통해 지역별 특성(도시, 도서산간 등)을 고려한 재난안전관리시스템 구축할 예정이다.[7]

가장 크고 의미 있는 변화는 스마트시티가 도시 기능을 강화하는 것을 넘어 시민 한 사람 한 사람의 육체적·인지적 능력을 강화하는 새로운 역할을 수행하는 것이다. 이를 '증강도시'(augmented city)라 부를 수 있다. 이전 기술들은 사용자의 활용능력이 있어야 성능을 발휘한 것에 비해 4차 산업혁명 기술들은 사용자가 활용방법을 모르더라도 육체적·인지적 능력을 증강하는 서비스를 제공한다.

AI가 사람을 대신하여 의사결정을 하고, 로봇 혹은 자율주행차가 운전을 대신해 주는 것 등이 대표적 예라 할 수 있다. 스마트시티는 이런 4차 산업혁명의 증강기능을 종합적으로 구현하여 그 효과를 압축적으로 보여준다.

증강도시의 출현은 기상 서비스에도 큰 변화를 수반할 것으로 보인다. 첫째 보이지 않는 서비스로 진화할 것이다. 증강기술은 사람의 개입 없이 작동한다. 따라서 증강도시에서 기상 데이터의 활용도 사람을 거치지 않고 기계와 기계의 연결을 통해 자동적으로 이루어지는 것이 보편화된다.

---

7) ICT/정보통신 스마트시티가 가져올 변화/ IRS Global

둘째 분석적 서비스가 주류를 이룬다. 현재 기상서비스는 기상분야에 국한해서 정보를 제공하지만, 앞으로는 다른 서비스들과 융합되어 보다 분석적이고 고부가가치의 내용을 전달할 것이다.

셋째 기상 데이터가 정밀해진다. 기상 데이터가 증강도시에 내재화하고 분석적인 서비스를 제공하려면 공간적, 시간적으로 아주 정밀한 데이터를 수집하는 것이 필요하다. 이를 위해 기상 데이터의 수집방법이 현재의 독립적 구조에서 도시 공간에 내재화되는 융합적 구조로 변할 것으로 보인다.

(1단계 : 도시조성시)	IoT, GIS 등 스마트도시기반 관련 시장형성
(2단계 : 건축물조성시)	스마트빌딩, 스마트홈, 스마트거리 등
(3단계 : 도시준공 후)	시민 대상 스마트서비스(교통, 방범, 교육 등) 제공

그림 21 스마트도시 기대효과

즉, 스마트도시 등장의 기대효과는 다음과 같이 요약할 수 있다.

- 지자체 경쟁력 향상

교통, 물류 등의 네트워크가 지능화되고 교통체증 해소, 물류비용 절감 등으로 도시의 효율성이 증대할 것이며 시 기능, 도시이미지 및 도시의 위상 향상으로 지자체 브랜드가치 확보가 가능할 것으로 보인다.

- 주민 삶의 질 향상

스마트 도시 관리, 스마트 관광, 스마트 문화, 스마트 환경 등의 서비스가 제공되는 스마트도시는 주민의 삶의 질을 향상시킬 것으로 기대된다.

그 외에도 스마트교통 도입 시의 [거주적합성, 업무효율, 지속가능성]의 관점에서의
기대효과는 다음과 같다.

표 3 <스마트교통 기대효과>

1. 교통체증의 감소	선진기법의 분석과 계측장비는 도시가 교통체증을 최소화할 수 있는 정보를 제공할 수 있고, 교통신호등도 교통량의 증감에 따라 유동적으로 조정가능하다. 또한 카메라와 차량들에서 전송받은 정보를 탐지/알람시스템이 분석하여 정체 시 대체도로 이용을 유도할 수 도 있으며 모바일 앱을 통해 더 효율적으로 주차도 할 수 있을 것이다.
2. 여행시간의 감소	여행객들이 버스와 지하철을 언제 어디서 갈아타야 하는지에 대한 정보도 제공이 가능할 것이며 또, 통근 시간을 줄이기 위한 트래픽 및 날씨 알람 등을 스마트폰 애플리케이션을 통해 전달 할 수 있다.
3. 시민들에게 선택과 컨트롤 권한 부여	스마트도시에서는 멀티모달(다양한 교통수단) 요금 카드를 사용하여 모든 도시교통 및 주차요금 지불이 가능하고, 데이터 수집 장치와 개방형 데이터 정책은 시민들에게 교통정보에 대한 권한을 제공한다. 사람들은 승객과 운전자를 최적으로 연결해주는 앱을 만들어 교통지도 제공 및 주차장 대기 시간 등을 게시하는 앱을 만들어 지역 전용 주차장을 만들 수 있다.
4. 공공안전의 개선	스마트교통은 공공안전과 밀접한 관련이 있으므로 사고발생으로 구조작업을 하는 경우 ICT 는 신호등을 조작하여 구조작업이 원활하고 안전하고 효율적으로 이루어지고 또한 다른 사람들이 정체를 피해서 우회할 수 있는 다양한 경로 정보를 제공한다.

5. 교통으로 발생하는 공해 절감	공해는 선진국과 개발도상국 모두에서 문제가 되고 있으며, 운송 시 나오는 공해가 대부분을 차지한다. 스마트기술은 이러한 운송 시 발생하는 환경적인 영향을 최소화 할 수 있다. 교통체증 관리 시스템은 더 효율적인 운송 경로를 설정함으로 운송 시간이 감소하고 이에 따라 차량의 배출가스를 줄일 수 있다. 또한 스마트도시는 전기자동차 사용을 독려하고 가능하면 언제든지 자신의 차량 및 공공건물에 충전소를 사용하도록 한다.
6. 교통 관련 예산의 개선	대중교통을 위해 도시는 수십억 불을 사용하곤 하지만 여전히 비효율적이고 수용력은 수요에 부응하지는 못하고 있다. 스마트기술은 비용절감과 효율적인 교통관련 투자를 가능하게 해줄 것이다. 예를 들면 스마트 장치로부터 들어오는 정보는 분석되어 대중교통의 우선순위 및 미래 수요 요구와 관련하여 지하철 시스템 확장에 대한 결정을 내릴 수 있다. 그리고 이러한 분석 시스템은 교통분야의 가장 비싸고 가치 있는 교통자산이 될 수 있다.

스마트시티(Smart City) 시장

3. 스마트시티(Smart City) 시장

스마트시티에 대한 관심은 국내뿐 아니라 국외에서도 오래전부터 관심을 보이고 있다. 기관별로 전 세계 스마트시티 시장규모에 대해서는 작게는 48조 원에서부터 크게는 2,400조 원 정도로 추정하고 있는데 이것은 각 기관별로 스마트시티에 대한 사업적 범위를 협소하게 혹은 광범위하게 설정하였기 때문에 시장 규모에 대한 논의는 큰 의미가 없다고 볼 수 있다.

다만, 국내의 판교, 파주 등 신도시에 스마트시티 구축 시 자가 정보 통신망, 통합관제센터 및 10여개 서비스 구현 등에 최소 500억 이상의 사업비가 소요되었음을 주지할 필요가 있다. 정확한 설계가 끝나지는 않았지만 국가시범도시의 경우 최소 각 도시별로 1,000억 원 이상의 ICT 사업비가 소요될 것으로 추정된다.

국외의 스마트시티 추진 동향을 대략적으로 살펴보면, 미국 유럽 등 선진국의 경우는 도시문제 해결을 목표로 공공과 민간의 자연스러운 협업이 이루어지고 있는 편이며 아시아 등 개도국의 경우는 주로 국가경쟁력 강화를 위해서 공공이 주도하여 정책적으로 추진하는 것으로 보인다.

국내의 경우 과거 U-City 추진 시에 드러났던 시민 체감이 부족한 공공 주도적 방식에 대한 반성과 국내 산업 육성과 자발적인 시민들의 참여 독려를 위해서 공공과 민간이 협력하는 모델을 지향하여 추진하고자 하는 것으로 보인다.

가. 해외 시장
1) 규모 및 전망

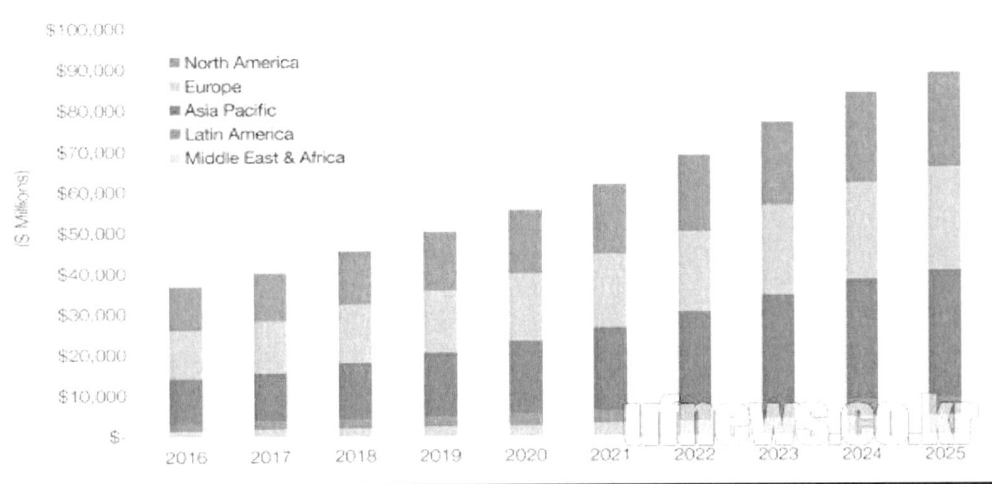

그림 23 2016~2025 전세계 스마트시티 연간 수익 전망<출처: Navigant Research Report(2016)>

시장조사 기관 마켓츠 앤 마켓츠의 2019년 보고서에 따르면 스마트시티는 2023년까지 연평균 18.4% 성장하며, 6172억 달러 규모에 시장을 형성할 것으로 내다봤다. 특히, 전 세계 스마트시티 시장규모는 2019년 이후 아태지역이 주도할 것으로 예상했는데 이는 급격한 도시인구 증가로 스마트시티 요구가 지속해 확대할 것으로 내다봤기 때문이다.

또한 스마트시티 선도국은 도시문제 해결을 위해 민관 협업기반 스마트시티 추진하는 것으로 나타난 반면, 아시아 등 개발도상국은 국가경쟁력 강화와 도시문제 해결을 위해 공공주도의 정책을 추진 중인 것으로 보인다. 주요 국가는 스마트시티 주도권 확보를 위해 월드엑스포콩그레스(바르셀로나), CES(미국) 등 행사참가와 함께 ASCN(아세안 스마트시티 네트워크) 등 다자협력도 진행하고 있다.

세계 주요국 스마트시티 정책 추진현황을 살펴보면 싱가포르는 2025년까지 '스마트네이션' 건설을 국가비전으로 제시했다. 정부주도와 함께 민관 파트너십(국영통신사 Singtel 사업주관)을 운영하고 있다. 또한 디지털 정부와 디지털 경제, 디지털 사회구축을 목표로 한다.

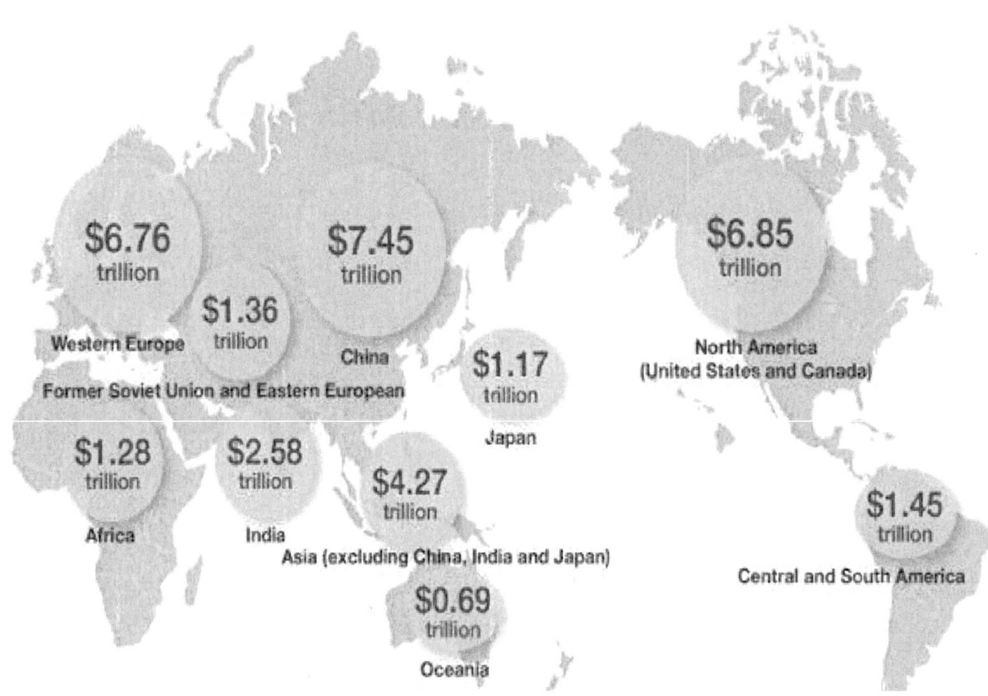

그림 24 스마트시티 투자규모(2010~2030, NBP)<출처 : 국토교통부>

네비건트(Navigant) 리서치의 조사에 따르면 글로벌 스마트 시티 기술 시장은 2014년 88억 달러에서 2023년 275억 달러로 성장을 예고하고 있다. 마켓츠 앤 마켓츠의 최근 자료를 보면 2014년부터 2019년까지 글로벌 시장은 4113억 달러 규모에서 1조 1348억 달러 규모로 같은 기간 22.5% 성장률을 보일 것으로 전망했다.

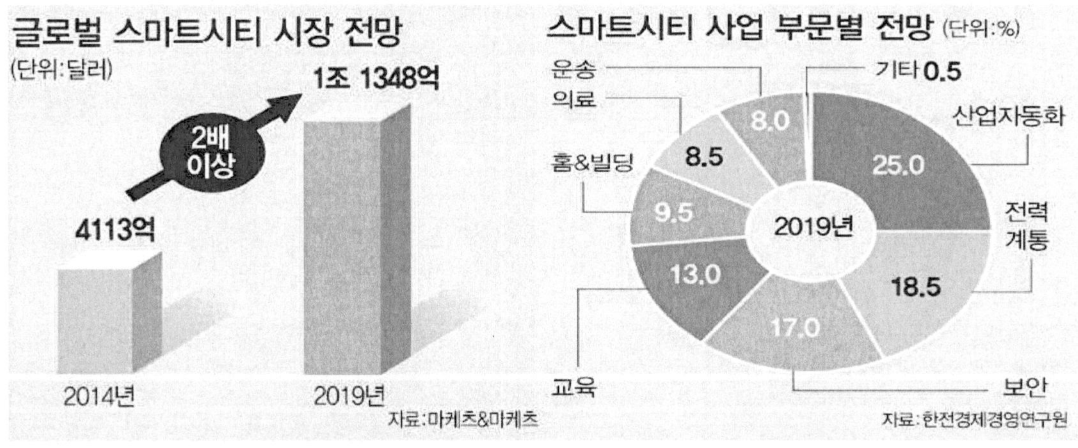

그림 25 글로벌 스마트시티 시장전망과 사업 부문별 전망

네비건트 보고서에 따르면, 스마트 도시와 관련된 전 세계 170개의 프로젝트를 분석한 결과 80%는 에너지, 교통, 정부 서비스와 관련된 것이고, 50% 이상이 교통, 45%는 에너지 관련된 프로젝트이다. 시장조사기관 IDC는 2013년 세계 스마트시티 프로젝트의 약 70%가 에너지, 교통, 안전 등 3대 스마트시티 요소에 집중될 것이라고 전망하고 있다.

도시 전체를 뜯어 고치는 수준의 스마트 시티 사업은 유럽을 중심으로 활발하게 진행 중이다.8)

한편 미국, 중국, 일본 등의 주요국에서는 종합적인 계획 수립을 통해 장기투자를 실시하고 있는 것으로 나타났다. 미국의 경우 정부는 지역개발 차원에서 접근하고, 민간은 시장성 차원에서 접근하면서 종합적인 성장이 가능하다.

중국 또한, 스마트시티를 구축하기 위해 소프트웨어에서 강점을 보이는 IT기업을 포함시켜 육성 중이며 일본은 장기적인 스마트시티 투자를 바탕으로 인도, 중국 등 신흥국을 중심으로 스마트시티 건설에 기업이 진출할 수 있는 발판을 마련 중이다.

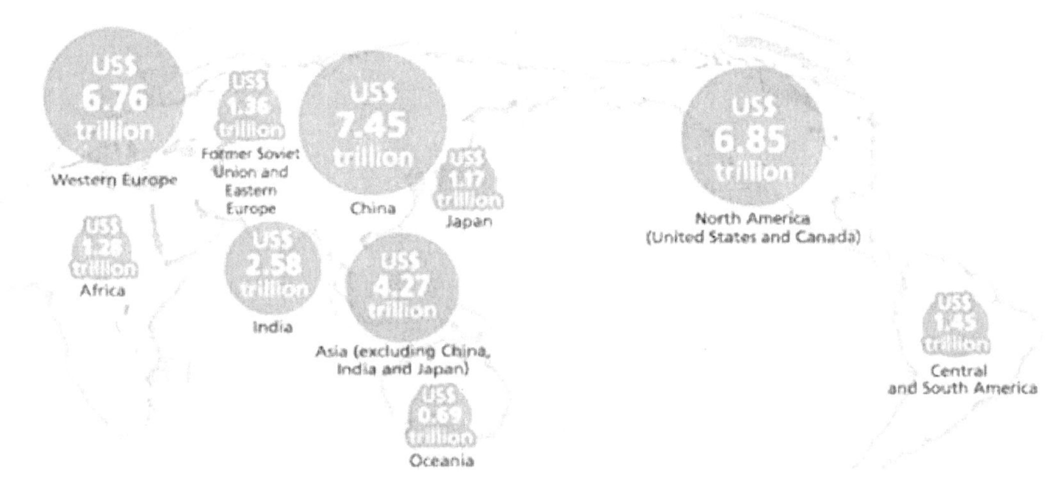

그림 26 2010-2030년 세계 스마트시티 투자 누적액 전망/ Nikkei BP Clean Tech

시장조사기관인 마켓 앤 마켓이 지난해 발표한 보고서에 따르면 글로벌 스마트시티 시장규모는 2014년 4113억 달러에서 2019년에는 1조1348억 달러 규모로 급성장할 것으로 전망된다. 2010~2030년까지 20년간 전 세계적으로 스마트시티 관련 누적투자액이 33억 달러를 훌쩍 넘길 것이란 분석도 있다.

---

8) 해외서도 바람 거세다/ 이데일리

IEEE와 Frost & Sullivan 자료에 따라 2012년에서 2020년 사이 전 세계 스마트시티 산업 분야별 비중은 아래 표와 같다. 그중 "공공경영 & 교육"이 24.6%로 가장 높은 비중을 차지할 것으로 예상되었으며, 이어 "스마트 에너지" 15.8%, "스마트 헬스케어" 14.6%, "스마트 보안" 13.5% 순으로 전망되었다.

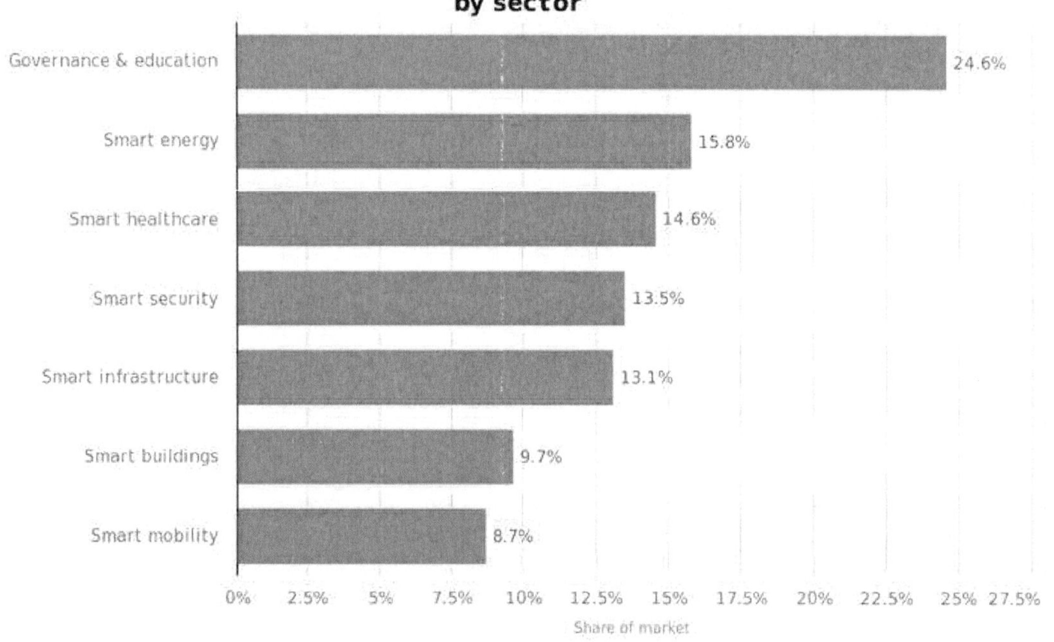

그림 27 세계 스마트시티 분야별 비중 (단위:%)

세계 각국에서는 국가별 니즈(Needs)에 부합하는 맞춤형 스마트시티를 구축하고 있으며, 각국의 도시가 지닌 개별적 인프라 특성 및 환경을 강화하여 다른 도시와 차별성을 지닌 스마트시티 정책 방향을 설정하여 추진하고 있다.

2) 국가별 정책 현황

가) 스페인

스페인 내에는 약 65개의 도시가 스마트시티로 등록돼 있다. 스페인은 지난 2011년 도시 인프라 및 공공서비스 효율성 개선, 공공재정의 효율적인 운영을 촉진하고 정보 공유를 위해 스페인 스마트시티 네트워크(RECI)가 구성됐다.

이에 스페인 스마트시티들은 현재까지 주로 수처리, 폐기물처리, 디지털인프라 구축과 관련된 프로젝트 진행 중에 있으며 이들은 향후 경제개발을 위한 전자서비스 강화, 수처리, 스마트 모빌리티 등과 관련된 프로젝트 추진 계획에 있다. 특히 스페인 정부는 2015년 3월부터 2017년 9월까지 '스마트시티 육성계획'을 실행했고 그 결과 세계적으로도 유명한 스마트시티들이 조성됐다.

구체적으로 스페인은 자국 ICT의 GDP 증대 및 공공서비스에 첨단기술을 도입해 효율성 제고를 목적으로 도심 내 각종 정보(교통, 강우량, 인구 이동 등)의 실시간 측정을 위해 도심 지역에 2만여 개 센서를 설치했다. 또한 지역 내 5만여 개 가정, 공공기관, 기업 등에 광통신망을 설치했으며 건물의 에너지 재활용/에너지 생산 및 분배 시스템 효율성 제고 등을 통해 도심 내 에너지 효율성 최적화를 위한 ICT 프로젝트를 추진했다. 아울러 에너지 효율성 최적화를 목적으로 도시 내 7,000여 개 공공조명을 관리하는 스마트 공공조명 시스템을 도입했다.

지난 2017년 12월 스페인 정부는 '2018~2020년 스마트국토계획'을 발표한 바 있다. 이는 총 1억7,000만 유로의 예산을 편성해 도시의 스마트화를 넘어 농촌 지역, 관광

지역 등으로 지원 반경 확대를 꾀하는 프로젝트로 다양한 전략이 거론되고 있으며 크게 스마트시티, 5G, 스마트농어촌, 스마트관광으로 나뉜다.

이 중 스마트시티 시민들에게 우수한 공공서비스를 제공하며 사회 인프라 노후화 개선 및 경제발전에 기여하는 신규 비즈니스 모델을 개발할 예정이다. 또한 최첨단 기술을 기반으로 한 스마트 인프라 구축, 공공서비스 효율성 제고에 도움이 되는 각종 유용한 정보를 수집하고 처리할 수 있는 시스템 구축, 수집된 정보를 재활용할 수 있는 정책 수립, 스마트시티 기반 각종 서비스 개발, 스마트기차역, 스마트항구, 스마트공항 등을 규격화하고 있다.

한편 5G 기술은 4차 산업혁명에서 사물 간의 연결, 새로운 기술 개발 및 새로운 비즈니스 창출에 핵심적인 기술로 5G 인프라 구축을 통한 산업 생태계 조성 및 스마트국토 프로젝트에 각종 5G 솔루션 적용을 주목적으로 하고 있다.

이 뿐 아니라 스페인 정부는 스마트농어촌 전략으로 농어촌 문제를 해결하려 한다. 현재 스페인의 농어촌은 인구 감소 및 고령화 문제가 대두되고 있다. 이는 농어촌 지역의 농수산업 의존도가 크며 스페인의 낮은 인구밀도로 인해 대도시에서 멀리 떨어져 있는 농어촌 마을의 기본 공공인프라 시스템이 낙후돼 있기 때문이다.

이를 위해 스페인 정부는 5,000만 유로 가량의 예산을 투입해 농어촌 지역에 공공서비스 제공 방식 개선에 대한 파일럿 프로젝트를 수행할 방침이며 농어촌 지역의 스마트화를 위한 연구와 포럼 등을 활성화할 계획이다.

스페인은 연간 약 8,000만 명의 해외관광객을 유치하는 관광대국으로, 매년 늘어나는 관광객들과 거주민들의 니즈를 모두 충족할 수 있는 공공서비스를 효율적으로 제공해야 하며 정부는 최첨단 기술 도입을 통해 관광 지역을 스마트화 하려는 도시나 지자체에게 투자금을 제공하고 있다. 아울러 스페인 정부는 관광지 밀집 지역의 효율적인 에너지 사용, 관광산업 관계자들 간의 상호작용을 돕는 시스템 등과 관련된 ICT 도입 프로젝트를 우선 지원할 예정이다.

스페인 정부는 2018년 들어 스마트국토 관련 다양한 프로젝트를 지원하기 시작해 스페인 내 9개 지자체에 스마트관광 관련 프로젝트 24개를 선정해 총 6,830만 유로를 지원했고 수혜 대상 프로젝트는 24개의 관광 지역의 최신 ICT 기술 적용 및 운영을 통해 경쟁력 있고 차별화된 서비스 설계, 관광객들에게 좋은 여행경험을 제공해 현지 주민들의 삶의 질 개선 등을 꾀할 방침이다.

스페인 바르셀로나의 경우 '스마트+커넥티드 시티파킹' 프로젝트를 통해 시민들의 주차 공간 탐색 문제를 해결하고 있으며, 바르셀로나의 시내 주차장 운영 수익이 연간

567억원(5000만 달러) 증가하는 효과를 얻기도 했다.

현재 스페인 정부는 스마트시티 모델의 해외 수출을 촉진하고, 공공과 민간이 협력하여 스마트시티 표준이 되기 위해 노력하고 있다. 바르셀로나의 경우 200개가 넘는 프로젝트들이 한창 진행 중이다. 교통 흐름 개선을 위해 도로에 설치된 센서를 통해 교통량을 모니터링하는 것은 물론이고 스마트 주차, 스마트 가로등, 소음 모니터링, 탄소 배출 감소 등과 관련된 다양한 프로젝트들이 진행되고 있다. 특히 도시 재생 프로젝트인 22@Barcelona를 ICT 기업 집적 클러스터로 조성하고 글로벌 기업들이 참여하여 스마트시티 솔루션을 실증할 수 있도록 만들었다. 무엇보다 매년 열리고 있는 바르셀로나 스마트시티 엑스포 월드 콩그레스 행사를 통해 세계 각국의 도시와 대학들은 스마트시티 솔루션을 소개하는 세미나를 개최하고, 기업들은 전시에 참여함으로써 도시 문제 솔루션들을 공유하고 있다.

(1) 22@Barcelona

그림 29 바르셀로나 혁신지구

바르셀로나는 1800년대 까딸루냐의 맨체스터라는 별칭을 가질 정도로 산업이 발달했던 곳이다. 하지만 시간이 흐를수록 방직산업이 쇠퇴기를 겪으며 지금의 '22@지구' 내 공장들이 대거 철수하거나 다른 도시로 이전하는 일이 발생하면서 황폐해진 상태가 됐다.

20세기 말 바르셀로나는 버려진 상태를 탈바꿈시키기 위해 2000년 7월 이 새로운 가능성을 바탕으로 '22@프로젝트'라는 도시재생 사업을 내세워 이곳을 지식기반산업, 교육기관, 주거 등 문화시설들이 모두 이루어지는 혁신지구로 재생시키는 계획을 세우게 된다.

'22@'은 도시계획상의 공업 전용지역의 코드'22a'에서 유래한 것이며 200만m^2을 업무지구(70%), 주거지역(10%), 녹지(10%), 교육시설(10%)으로 만든다는 22@barcelona 혁신지구 개발 프로젝트는 아래 계획에 맞추어 2025년 완공을 목표로 진행되고 있다.

22@barcelona의 세부 구축 목표는 다음과 같다.

ㅇ 대규모 공원과 녹지

ㅇ 트램 노선

ㅇ 보행자 및 자전거 전용 도로

ㅇ 광역무선통신망

ㅇ 자동 쓰레기 수거 시스템

ㅇ 친환경 에너지 공급(차가운 바닷물 - 냉방 / 쓰레기 소각열 - 난방)

ㅇ 전기차 인프라

이러한 노력의 결과로 현재 전 세계 스마트 시티 전문가들은 바르셀로나를 몇 안 되는 스마트 시티의 우수 사례로 꼽으며 2019년 이후 현재의 22@ 재생 혁신 지구에는 8000개가 넘는 기업과 6000명 이상의 사람들이 근무하고 있으며 blackstone, oaktree와 같은 미디어, ICT 등 첨단기술 관련 글로벌 기업들이 낡은 건물들을 사들여 문화와 주거시설이 융합된 하이테크 건물로 만들어 아마존, 페이스북, 위워크와 같은 글로벌 기업들로 채워나가고 있다.

또한 바르셀로나는 대규모 투자를 단행해 도심 동남쪽 산마르티(sant marti)지구 포블레노우(poblenou)지역에 위치하고 있는 8층짜리 빌딩 메디아 틱(media tic)이라는 혁신지구의 중심이 되는 건물을 설계했다.

메디아 틱은 바르셀로나에 기반을 둔 'cloud9'의 건축물로 포블레노우에서 가장 친환경적으로 설계된 건축물로 미래 도시 프로젝트에 가장 걸 맞는 작품이다. 에너지 절약 기술, 에너지 생성, 환경, 유동성 이라는 키워드에 디자인된 생산성이 높은 건축물이다.

건축 표면 2500㎡에 사용된 ETFE(에틸렌 테트라플로로에틸렌)필름을 사용해 건물에 사용되는 에너지의 20% 정도를 만들어낸다. 스페인 건축에 혁신을 만든 반투명의 ETFE란 최근 인정된 건축 재료로서 유리와 비교했을 때 보다 더 가볍고 빛을 더 많이 투과해 건축물 파사드에 사용된다. 빛이 침투하는 것을 효과적으로 활용할 수 있는 필름이다.

빛의 침투를 용이하게 하는 외부 덮개 ETFE는 태양 스크린 역할을 해 태양열이 닿으면 부풀어 올라 따뜻한 공기를 저장해 에너지로 만들어 낸다. 빛과 온도를 조절하는 외벽의 열을 낮추고, 전기를 절약해 난방비도 줄이는 등 CO2배출량을 연간 114톤까지 감소시켜 85% 효율적이다.

나) 미국

미국의 스마트시티 구축을 위한 움직임은 미국혁신전략(Strategy for American Innovation)을 시작으로 2015년 9월 교통혼잡 해소, 범죄예방, 재난 및 기후변화 대응, 경제성장 촉진, 다양한 공공서비스 등의 도시 문제 해결 방안으로 탄생한 스마트시티 이니셔티브(Smart City Initiative)가 발표되면서 본격화됐다.

미국 정부는 '이니셔티브'를 통해 잠재력 있는 사업이나 연구단에 지원과 투자를 진행하고, 각 분야별 해당 기관이나 부처에서는 관련 정책을 수립했으며 스마트시티 관련 새로운 솔루션 창출을 위한 25개 이상의 기술 개발 지원 및 R&D 투자를 위해 약 1.6억 달러를 투입했다.

또한 경쟁공모 방식의 지자체 지원 사업 스마트시티 챌린지를 병행하고 있다. 스마트시티 챌린지는 지자체와 민간이 협력해 각 지역이 당면한 도시문제 해결책을 마련할 계획이다.

(단위 : 만달러)

구분	금액	분야
국토안보부	5,000	■ 향후 5년간 모든 규모의 재난에 대비 가능한 최첨단 긴급대응기술 개발 추진 ■ NIST와 협력하여 데이터 분석 및 예측 모델링을 활용한 정보의 적기제공
교통부	4,000	■ 차세대 교통시스템 개발 　− 맨해튼 및 템파 등 교통혼잡 지역에서 추진되는 'Connected Vehicle Pilots' 　− 도시교통의 혁신적 해결책을 찾기 위한 'Smart City Challenge'
에너지부	1,000	■ 에너지 효율이 높으며, 저탄소 배출 도시를 위한 기술 개발 투자 　− 자가 환경설정 및 작동 등이 가능한 스마트 빌딩 구축 프로젝트 　− 미래 교통시스템에서 에너지와 이동성 연구를 위한 SMART Mobility 컨소시엄
상무부	1,000	■ 지역 내 문제해결을 위한 스마트시티 기술을 활용하는 벤처기업 지원
환경보호청	450	■ 저비용 센서기술을 활용하는 도심 내 공기 질 연구 및 Village Green Project 지원 　− 오클라호마, 시카고, 하트퍼드 등 세 지역의 대기 질 모니터링 및 분석 테스트

자료 : 백악관 보도자료('15.9.14)를 참고하여 재구성

이는 교통 혼잡 해소, 범죄예방, 경제성장 촉진, 기후변화 대응, 공공서비스 등과 관련한 지역문제해결에 초점을 두고 문제해결을 연방정부의 자원을 지역의 수요에 매칭하고, 지역사회가 주도하는 해법을 발굴·지원하는 방식으로 추진한다.

구글(google)은 15년 6월 살기 좋은 미래도시 건설을 목표로 사이드워크 랩(SideWalk Labs) 설립했다. 도시기술(Urban Technologies)인 주택, 교통, 에너지 등 분야가 연구대상으로 주택비용의 절감, 교통체증이나 전철 혼잡이 적은 효율적 교

통망 구축, 에너지 소비 경감 등을 목표로 했다.

구글의 사이드워크 랩은 교통, 에너지 등 도시 인프라 관련 분야를 비롯해 헬스케어 등 시민들의 삶의 질 전반에 관한 영역에 이르기까지 총 6개의 스마트 시티 구축 프로젝트를 추진했다.

구글의 사이트워크가 제시한 도시개발방법은 실제와 가상세계를 기술로 연결시켜 도시에서 주민, 기업, 정부의 생활수준을 향상시키고, 혁신적으로 진화하고 있는 모바일 및 IoT 기술을 건축분야에 결합하는 것을 목표로 했으며 도시개발을 위한 제품 제공뿐만 아니라 플랫폼을 구축하고 파트너와 함께 솔루션 개발을 추진하여 주택비용을 낮추고 통근시간을 단축하여 넓어진 공원과 녹지에서 안전하게 자전거를 타게 하는 것을 가능하도록 했다.

또한 미국 PGH(Pegasus Global Holdings)는 3만 5천명 규모의 무인 도시 추진했는데 시테 프로젝트로 명한 이 계획은 도로와 교회, 쇼핑몰 등이 존재하지만 실제 거주자는 전혀 없는 도시를 사막에 건설하는 계획이다.

미국의 정부, 교육기관, 국제 기술기업 등이 무인도시에 관심을 가질 것으로 예상하고 있으며 미래에는 실리콘밸리에 필적하는 기술 허브로 성장할 것으로 기대하고 있다.9)

구 분	주요 내용	비고
Green Home	• 신재생에너지 이용 : 태양광, 지열, 수소연료전지 등 • AMI 에너지 저장장치를 통해 에너지 수요를 절감 • 온실가스를 배출하지 않는 친환경 주택	
Green Village	• 신재생에너지, 건물부하 절감기술, AMI 친환경 전력기기, LED 조명 등을 시스템적으로 통합 • 에너지 자립 및 온실가스 배출 최소화	
Green Building	• 에너지 부하 저감, 고효율 에너지 설비, 자원 재활용, 환경 공해 저감 기술 등을 적용 • 자원 친화적으로 설계, 건설되고 유지 관리한 후, 해체될 때까지도 환경 피해를 최소화	
Green Factory	• S/W 측면 : 종업원의 환경인식 강화, 지역 사회와의 조화, 환경 정보 공개 등 • H/W 측면 : 신재생에너지, AMI 친환경 전력기기, LED 조명 등	
Green School	• 친환경 건축 자재 사용 • 태양광, 연료전지 및 지역냉난방 시스템, 빗물저류 이용시설, LED 조명 등 설치 • 단열 개선, 기타 에너지 고효율시설 교체	

그림 32 미국 스마트시티 주요시설과 내용

---

9) [글로벌정책Trend] 스마트시티시장 1조 5천억달러 눈독 들이는 미국.../ 뉴스워커

미국의 대표적인 프로그램으로는 글로벌 시티 팀 챌린지(Global City Teams Challenge)와 스마트시티 챌린지(Smart City Challenge)가 있다.

(1) Global City Teams Challenge

미국 상무부 산하 국립표준기술원이 주관하는 글로벌 시티 팀 챌린지는 지속 가능한 도시 문제 솔루션을 제시하고 참여한 도시들로부터 실증한 후 전 세계의 비슷한 문제를 겪고 있는 도시들로 확산하는 것을 목표로 하고 있다.

특히 출퇴근 시간 15% 단축, 대기오염 20% 감축 등의 성과 측정 방식을 목표로 설정하고 문제 해결을 위한 민·관 협력 및 사업화를 꾀하고 있다. 민간 기업들은 도시 문제 솔루션을 개발하고, 도시들은 이를 실증할 수 있는 공간 및 제도적 여건을 제공하는데, 성공적인 사례는 다른 도시에 마케팅하는 방식으로 비즈니스 생태계를 조성한다. 연방정부나 주정부가 주도하기보다는 민간 기업이 제안하고 컨설팅을 수행하는 방식으로 진행된다.

(2) Smart City Challenge

교통부 주도로 진행되는 스마트시티 챌린지는 교통 문제를 해결하고 안전한 통행 등 혁신적인 도시 교통망을 구축하기 위한 프로젝트로 시작됐다. 2016년 2월 미국 내 총 78개의 도시들이 참여했고, 사회적 약자를 배려하기 위한 교통 시스템 개선과 같은 사회 문제 해결 방안을 함께 제시한 콜럼버스(Columbus)市가 최종 선정됐다.

교통부로부터 지원받은 5천만 달러와 민간 기업들이 공동으로 투자한 1억 4천만 달러를 가지고 콜럼버스市는 커넥티드 교통네트워크 구축 및 공유 데이터 통합 활용, 대중교통 이용자 서비스 개선, 전기차 인프라 구축 등 다양한 사업을 진행했다.

이 밖에도 500여 개가 넘는 센서를 설치하여 도시 환경을 모니터링하는 시카고의 '만물 인터넷 프로젝트(Array of Things: AoT)', 에너지 자립 및 온실가스 배출량 감소를 목표로 하는 스마트시티 샌디에이고 이니셔티브, 도시에 무료 WiFi망을 설치하는 링크 NYC 프로젝트 등이 있다. 특히 뉴욕의 경우, NYC 오픈 데이터 포털을 기반으로 민원서비스와 관련된 NYC311 데이터를 구축해 이를 연구기관 및 민간 기업들과 공유하여 뉴욕 시민들을 위한 도시 문제 솔루션들이 개발되도록 지원도 하고 있다.

다) 중국

중국은 미국과 다르게 도시화가 가속화되면서 발생하는 문제에 대비해 스마트시티 구축 계획 및 구상을 제시했다. 중국의 스마트시티의 목표는 스마트기술의 통합, 스마트산업의 첨단 발전, 국민의 생활을 편리하게 하는 스마트서비스 효율화 도모로 하고 있다.

사물인터넷과 클라우드 컴퓨팅 센터를 통한 도시 관리와 사회공공서비스 기능 구현하며 기반시설 및 업종별 업무 플랫폼, 기구축·구축·미구축 정보 시스템간의 호환성, 데이터자원 연계 등 시스템 통합이 중점을 두었다.

스마트시티의 계획의 목표로 정보기반 기술, 도시 관리 및 서비스 업무의 결합과 응용·혁신, 전체 계획을 통한 스마트시티 건설지표 마련과 성과 평가, 스마트시티 계획의 구체적 방향 및 전략 수립했다.

중국은 인터넷 플러스 전략과 스마트시티를 추진하면서 중국 내 IT기업 육성하는데 인터넷 플러스 전략은 2018년까지 인터넷과 경제·사회 각 분야의 융합 발전을 통해 인터넷을 기반으로 한 신성장동력을 창출하고, 인터넷경제와 실물경제의 융합 발전 체제를 구축하는 것을 말한다.

인터넷 플러스 전략이 공공서비스 분야에서 추진되면서 스마트시티 전략과 결합되는 양상이다. 상하이는 텐센트와 함께 스마트시티 구축을 준비 했으며, 모바일 플랫폼인 위챗을 통해서는 민원 업무, 여권 신청, 세금 납부 등 14개의 업무를 처리할 수 있다.

(단위: %)

분류	스마트도시 수	비중	성장률
성급도시	4	100	-
부성급 도시	15	100	-
지급시	248	74	19
현급도시	119	32	34
합계	386	55	22

그림 33 2016년 중국 스마트시티 건설상황

'제12차 경제개발 5개년 계획(2011~2015)'에서 지방 정부를 중심으로 스마트시티 정책을 시작한 중국은 '제13차 경제개발 5개년 계획(2016~2020)'부터는 중앙정부 주도로 스마트시티를 확산하고 있다. 중국의 스마트시티 핵심정책은 급속한 도시화로 발생한 도시 문제를 해결하는 것이며 중국 전역에 500개의 스마트시티 건설을 목표로 하는 지혜성시(智慧城市)를 이미 발표한 상태다.

지방정부 재정이 취약한 중국은 중앙 정부의 예산이 스마트시티 정책 추진에서 매우 중요하다. 이에 사업 추진은 주택도시농촌건설부가 스마트시티 사업 대상 도시를 선정하고, 선정된 도시에 3~5년간 중앙 정부 예산으로 사업들을 추진한 후 심사 및 등급 평가를 통해 1~3성의 스마트시티를 분류하는 방식으로 성과를 측정한다. 이러한 중국 정부의 스마트시티 추진은 대규모 인프라 건설 산업에서 ICT를 기반으로 산업 구조를 재편해 고도화하기 위한 것이다.

중국의 스마트시티 건설은 크게 두 방향으로 진행되고 있는데, 베이징 및 상하이와 같은 대도시를 중심으로 건설하는 경우와 위성도시의 형태로 신도시를 건설하는 것이다.

특히 중국의 스마트시티 사업에는 화웨이, ZTE, 알리바바, 바이두, 텐센트 등 중국의 글로벌 기업들이 관심을 갖고 투자를 하고 있다. 통신장비제조업체 화웨이는 사물인터넷 및 스마트 검침 솔루션 등을 공급하고 있으며 알리바바는 항저우를 대상으로 인공지능 기술을 활용한 도시 운영 사업인 시티브레인 프로젝트를 진행하고 있다. 항저우의 경우, 시티브레인 프로젝트를 통하여 교통 정체를 약 15% 개선한 것으로 나타났다.

중국 정부의 강력한 지원 아래 전 세계 건설 중인 스마트시티 분포에서 중국은 큰 차이로 1위를 차지했다.

KDB 미래전략연구소의 보고서 '중국 스마트시티 건설 현황 및 전망'은 최근 항저우, 선전 등지에서는 빅데이터, 인공지능, 5G 등의 ICT를 활용한 스마트시티 건설이 적극 추진되고 있다고 짚었다.

항저우 정부는 2017년 알리바바와의 전략적 협력 관계 구축을 통해 알리 클라우드 기반의 도시 관리 프로그램인 'ET 도시브레인'을 도입했으며, 화웨이는 2018년 선전에 화웨이 클라우드 EI 기반의 '도시 지능체' 계획을 발표한 바 있다.

이에 중국 정부도 지역별 빅데이터 관리국을 신설해 공공 부문의 데이터 개방을 추진하고 있으며, 스마트시티 건설 관련 자금 지원을 강화하는 등의 노력을 더해 스마트시티 건설 움직임에 힘을 더하고 있다.

중국의 꾸준한 도시화 움직임 속에서 스마트시티 관련 사업은 가능성이 더욱 확대될 것으로 보여 기대를 받고 있다.

한편 KDB 측은 현재까지 스마트시티 건설은 대부분 정부 예산에 의존했으나, 향후 시장 확대와 함께 상용화 프로젝트 위주로 진행돼 민간 자본의 참여 또한 증가할 전망이라고 내다봤다.

라) 인도

2014년 모디 총리가 취임한 인도는 2015년 6월 100개의 스마트시티를 구축하겠다는 스마트시티 건설 프로젝트를 발표하면서 2015년부터 2조 500억 루피(약 33조 8,045억원) 규모의 스마트시티 사업을 추진하고 있다.

2050년이 되면 전체 인구의 50% 이상인 8억명이 도시에 거주할 것으로 예상되는 인도는 폭발적으로 도시 인구가 증가하는 대표적인 국가다. 이러한 인구 급증으로 나타난 문제들을 인프라 건설만으로 해결하기에는 한계가 있다는 판단 아래 한정된 자원을 가지고 도시 문제를 해결하기 위한 스마트시티 미션을 추진하고 있다.

이러한 전략은 기본 인프라 구축을 통한 건설 산업 발전과 일자리 창출, 스마트시티 전략을 통한 ICT의 발전 등 스마트시티를 통한 산업의 활성화라는 목표들이 복합적으로 반영된 결과라고 볼 수 있다.

2015년 시티 챌린지 컴피티션(City Challenge Competition)을 시행한 인도 도시개발부는 최종적으로 98개 도시를 선정해 스마트시티 사업을 추진 중에 있다. 인도의 스마트시티 사업 투입 비용은 중앙정부, 지방정부, 특수목적회사(SPV: Special Purpose Vehicle)가 분담하는 형식으로 투자하고 있다. 특수목적회사는 스마트시티 추진에서 가장 중요한 역할을 담당하는데, 스마트시티 개발계획, 관리감독, 자금조달 등을 수행하며, 정부에서 임명하는 CEO 체제로 운영하는 것을 원칙으로 하고 있다. 특수목적회사는 중앙정부와 지방정부가 50%의 기금을 투자하며, 민간이 투자하는 경우 지분의 50%를 넘지 못하도록 하여 공공성을 담보하고 있다.

마) 캐나다

캐나다에서 인구가 가장 많은 것으로 알려진 토론토는 워터프론트 지역의 활성화를 위해 2017년 3월 전 세계 기업들을 대상으로 공모사업을 진행했다. 이에 세계 최고의 IT 기업인 구글 자매회사인 사이드워크 랩스(Sidewalk Labs)와 파트너 계약을 맺으며 프로젝트를 진행하기 시작했다.

분야	내용
공공 공간	모든 연령 및 다양한 직업군의 사람들을 끌어들이기 위해 계획된 공원, 광장, 오픈스페이스로 구성되며, 이 접근 방식은 혼합 용도의 수용이 가능한 유동성 있는 저층 공간인 스토아(stoa) 공간을 포함하며, 이는 보도와 광장을 이어주는 매개체로 적용되어 활기찬 가로경관을 형성
모빌리티	보행자 우선 도로, 걷고 싶은 거리 디자인, 자전거 도로, 접근성 이니셔티브 등 새로운 모빌리티 서비스 네트워크를 통해 주변지역과 도시의 연결성이 고려되어 구축
주택	시장 가격 이하로 조정하며 다양한 계층을 위한 주거 프로그램을 지향함. 중산층 가구에 대한 주택 소유 기회 확대를 목표로 함
건물	모든 건물은 모듈식 공정을 통해 본 지역의 지속가능한 자재인 목재로 건설되도록 계획하며 이는 온타리오 기반 사업 촉진에 기여할 것임. 또한, 주거용과 비주거용의 용도 혼합 및 변화에 대한 대응을 유연하게 대처할 수 있는 로프트(Loft) 공간이 포함
지속가능성	지속가능한 건축 자재 사용 및 설계, 전기 전력 그리드, 스마트 폐기물 처리 시스템, 저영향관리 등이 포함
사회 인프라	어린이집, 초등학교, 보건 및 기타 진료 서비스를 포함하고 있는 주민 커뮤니티 센터 등 복합 용도 시설
디지털 혁신	실내외 유무선 네트워크 제공, 도시데이터 구축 및 공유, 개인정보보호와 같은 가이드라인 제시

출처: Sidewalk Labs(2019). 김익회 외 2019에서 재인용

그림 35 사이드워크 토론토 마스터 플랜 핵심전략

프로젝트 명은 '사이드워크 토론토'로 2년 정도의 여론 수렴 및 연구 끝에 워터프론트 토론토의 다양한 도시 문제 해결 방안을 담아낸 마스터 플랜이 2019년 6월 완성됐다. 현재 조건부 승인을 받은 상태로 추가적인 공식 협의 과정을 거치게 되면 2020부터 구체적인 사업들이 진행되고 있다.

키사이드(Quayside) 지역을 시작으로 프로젝트가 진행될 예정이며 구체적으로 다루는 대상은 공공 공간, 모빌리티, 주택, 건물, 지속 가능성, 사회 인프라, 디지털 혁신 등이다. 사이드워크 토론토는 더 나은 대중교통, 보행자 우선도로 등 편리한 모빌리티를 제공하고, 스마트 폐기물 처리, 스마트 그리드 등의 지속 가능한 도시 환경 제공, 안정적인 주택 시장 조성, 다용도 도시 공간 등의 쾌적한 도시 환경 제공을 지향하고 있다.

바) 일본

경제 산업성의 '일본 신 성장전략(2010~2020)' 및 내각관방의 '미래투자전략 2017'에 스마트시티 전략을 포함하고 있는 일본은 에너지, 환경, 방재를 중점적으로 추진하고 있다.

이에 따라 스마트 그리드 구축 및 활용을 통한 스마트 커뮤니티 구축을 중점적으로 진행하고 있다. 특히 차세대 에너지 사회시스템 실증사업을 추진하고 있으며, 자국 내 실증도시 확산과 더불어 해외 스마트커뮤니티의 실증사업도 함께 실시하고 있다. 한편 스마트시티와 관련된 산업 진흥과 국가 주도의 규제 완화 추진을 위하여 국가전략특구(광역특구, 혁신적 사업제휴 특구, 지방창생 특구로 분류)를 지정했다.

특히 2017년 '국가 전략특구법'을 개정해 각종 규제로 실증이 어려운 기술들에 대해선 한시적으로 법·제도를 완화하는 규제 샌드박스 제도를 도입해 자율 주행차와 드론 분야에 우선 적용하고 있다.

일본의 대표적인 스마트시티 사례로는 후지사와 SST(Sustainable Smart Town)와 가시와노하 스마트시티가 있다. 먼저 마츠시타 전기의 공장 부지를 친환경에너지 스마트타운으로 구축한 후지사와 SST는 협의회를 중심으로 타운을 지속적으로 개선하고 있으며, 타운 중심에 커뮤니티 센터를 운영해 주민들이 참여할 수 있는 다양한 프로그램도 제공하고 있다. 특히 친환경에너지타운 컨셉과 관련하여 태양광과 같은 신재생 에너지에 의한 전력 생산과 타운 내 전기 에너지 소비를 지역 에너지 관리 시스템으로 관리하고 있다.

골프장 부지를 개발한 가시와노하 스마트시티는 츠쿠바 특급 전철 노선을 유치하면서 역 중심의 스마트 컴팩트 시티 컨셉으로 개발됐다. 가시와노하는 소사이어티 5.0(Society 5.0) 구현을 위한 데이터 플랫폼 구축을 중심으로 스마트시티 솔루션 사업들을 추진하고 있다.

또한 일본은 초고령화 국가로 생산인구 감소와 에너지 부족 등 여러 사회 문제를 겪고 있다. 소멸 위기에 처한 도시를 스마트시티 프로젝트 '초 스마트사회(Society 5.0)'로 다시금 소생하려는 노력을 기울이고 있다. 초 스마트사회는 IoT와 빅데이터, 로봇기술과 AI 등 신산업을 통한 새로운 사회 구현과, 가상·현실 공간 융합 시스템의 가치 창출을 목표로 한다.

5가지 주요 전략은 건강 증진 및 수명연장, 이동수단의 혁신, 쾌적한 도시 인프라 조성, 핀테크 실증, 공급사슬 차세대화이다.

스마트시티 사업의 일환으로 일본 정부는 일부 지방 도시에 자율주행 공공교통 서비스를 추진한다. 이바라키현의 히타치 시에서 운영하지 않는 철길을 버스 전용 도로로 정비해 자율주행 버스를 운행할 계획이다. 신교통 시스템 '히타치 BRT'로 칭한다.

2018년 10월 일부 선로를 이용해 소프트뱅크와 SB 드라이브가 버스 자율주행 실험을 실시한 바 있으며, 올해부터 실제 운영에 돌입할 예정이다. 원격 감시 및 조작을 통해 운행 상황을 실시간으로 확인할 수 있어 안전성을 보장한다. 위험 상황에는 버스가 자동으로 멈추도록 설계했다. 또, 인력을 추가 투입하지 않아도 산간지방까지 움직일 수 있다는 점이 자율주행 버스의 장점이다. 불편했던 지방의 교통 인프라를 확대함으로써 고령자들의 이동이 자유로워질 것으로 기대된다.

인프라 구축이 잘 되어있는 대도시에 투자할 경우 수도권과 지방 격차 확대로 이어질 가능성이 높다. 이런 점에서 일본이 대도시가 아닌 소멸 위기 지방을 스마트시티로 탈바꿈한다는 것은 주목할 만하다.

'카시와노하 스마트시티'는 일본의 대표적 스마트시티로서 수도권 외곽의 작은 도시인 치바현 카시와시에 위치해 있다. 에너지와 식자재 생산, 산업 육성과 주민 건강관리까지 자급자족한다. 태양광 발전 시설과 풍력 발전 설비를 통해 에너지를 직접 생산하며 도시 내 모든 곳의 에너지 사용량을 자체적으로 관리한다.

주민들의 평생 건강을 책임지는 '스마트 헬스' 프로젝트 또한 진행 중이다. 통신 기능이 있는 손목시계형 디지털 건강기기를 이용해 건강 상태를 실시간 체크할 수 있으며, 기록된 건강 데이터는 스마트시티 내 건강센터로 전송돼 24시간 관리된다. 지자체와 예방의학센터에도 데이터가 제공되기 때문에 지방 내 보건행정의 효율을 높일뿐 아니라 행정·의료 비용도 절감할 수 있다.

사) 싱가포르

싱가포르는 2014년 리센룽 총리가 국가 핵심 사업으로 스마트네이션(Smart Nation) 사업을 선정하고 스마트네이션 오피스를 설치하면서 본격적으로 정책들을 추진했다. 스마트네이션 오피스는 총리실 산하로 각 부처들을 관리함으로써 강력한 정부 부처 거버넌스 체계를 확립하고 있다. 더불어 싱가포르 국립대 및 싱가포르 디자인 기술대를 비롯한 대학 연구 기관들, 미국 MIT와 같은 세계 최고 대학들과 연구 협력관계를 구축하고 있다.

여기에 국영 통신 기업 싱텔과 IBM 및 마이크로소프트, 프랑스 다쏘 시스템 등의 글로벌 기업들과도 협력하고 있다. 이러한 민·관 거버넌스를 바탕으로 실행 가능하고 시민들의 체감도가 높은 솔루션을 우선 개발·구현하는 것을 목표로 주거, 건강, 교통 등의 다양한 도시 문제를 해결하고자 하고 있다. 스마트네이션 프로그램의 핵심 사업들로는 국가 디지털 ID, 전자결재, 스마트네이션 센서 플랫폼, 모빌리티, 생애 맞춤형 정부 서비스, 핵심 정부 운영 및 환경 조성이 있다.

아) EU

EU는 스마트시티 R&D 투자 전략으로 Horizon 2020을 추진한 바 있으며 2014년 시작된 Horizon 2020은 2020년까지 약 800억 유로가 투입되었다. Horizon 2020의 후속 사업으로 2021년부터 2027년까지 진행되는 제9차 EU 프레임워크 프로그램인 Horizon Europe은 Article 179.1 TFEU에 근거를 두고 있으며, 주요 내용은 아래와 같다.

Horizon 2020 중간 평가 보고서에 수록된 해결 과제를 기반으로 설정한 Horizon Europe의 구체적인 목표는 다음과 같다.

① 글로벌 사회과제 해결을 위한 수준 높은 새로운 지식, 기술 및 솔루션의 개발과 공유

② EU 정책 수립 및 시행에 있어 R&I의 영향력 강화 및 글로벌 과제 해결을 위한 산업계 및 사회 전반에 혁신 솔루션 도입 지원

③ 모든 형태의 혁신을 육성하고, 혁신적인 솔루션의 시장 도입 및 창출 강화

④ 강화된 유럽 단일 연구 공간(ERA) 내에서 Horizon Europe의 영향력 증가

Horizon Europe은 '혁명이 아닌 진화(evolution not revolution)' 라는 개념을 바탕으로 Horizon 2020에서 개선·보완된 프레임워크 프로그램으로, Horizon 2020의 대부분의 특성을 그대로 승계하여 진행하며 Horizon Europe은 Horizon 2020에 비해 부문별 세부 프로젝트 및 파트너십에 대한 투자는 줄이고, 보다 체계적인 전환(systematic transformation)에 중점을 두고자 하며, 연구와 혁신의 통합을 장려하는 지원 방식을 고수할 예정이다.

기초연구에 대한 지원은 첫 번째 핵심 영역인 '오픈 사이언스'를 중심으로 추진하며, 응용연구 및 점진적 혁신(incremental innovation), 즉 기존 제품 및 기술을 개선 또는 새로운 기능을 결합한 혁신에 대한 연구는 두 번째 핵심 영역인 '글로벌 과제와 산업 경쟁력'을 중심으로 추진하고, 마지막으로 세 번째 '오픈 이노베이션'은 글자 그대로 혁신에 초점을 두고 있다.

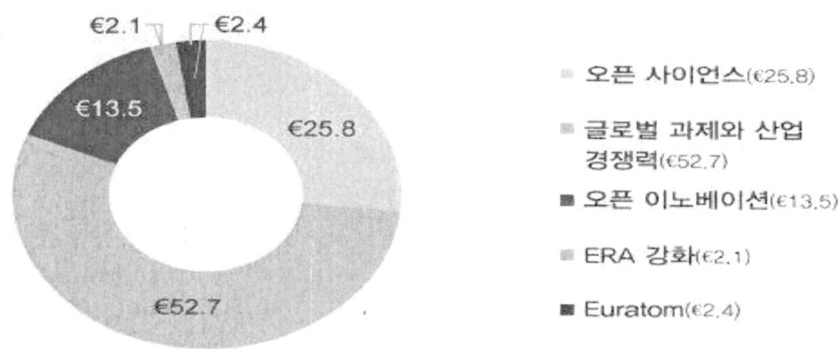

그림 37 Horizon Europe (2021-2027) 예산구조

예산이 가장 많이 투입되는 과제 부문은 '글로벌 과제와 산업 경쟁력'이며, 그 뒤로 '오픈 사이언스'와 '오픈 이노베이션' 순으로 예산을 배정했다. 반면, 유럽 단일 연구 공간(ERA) 강화 지원 예산은 상대적으로 낮게 책정되었다.

그림 38 스마터 런던 투게더 로드맵 표지

영국의 수도 런던은 인구증가와 같은 도시 문제 해결을 위해 2013년부터 '스마트 런던 플랜(Smart London Plan)'을 구축해 실행해왔다. 스마트 런던 플랜은 신기술을 통한 대기오염, 기후변화, 주거, 교통 등 다양한 도시 문제들을 해결하는 것을 목표로 하고 있다.

더욱이 최근에는 '스마터 런던 투게더(Smarter London Together)' 계획을 발표하여 도시 데이터와 ICT를 중심으로 도시 문제를 해결하는 스마트시티 구축을 추진하고 있다. 스마터 런던 투게더는 사용자 중심의 서비스 디자인, 도시 데이터의 활용, 스마트한 거리 조성, 디지털 리더십과 기술 향상, 도시 전반의 협력으로 구성된 5대 미션으로 이루어져 있다.

한편 런던의 인구과밀 문제를 해소하기 위해 조성된 도시인 밀턴킨즈는 데이터 허브를 구축하고 데이터 기반 스마트시티를 구현하였다. 밀턴킨즈의 데이터 기반 스마트 도시 프로젝트는 MK:SMART라는 브랜드로 추진하였으며, 교통, 에너지, 수자원과 같은 도시 데이터를 구축 및 분석하였다. 해당 프로젝트는 도시민들에게 더 나은 서비스를 제공하는 것을 목표로 하였다. 이와 더불어 도시 데이터를 연구기관 및 기업들과 공유함으로써 데이터 경제를 추구하는 MKDatahub도 함께 진행하였다. MK:SMART 프로젝트는 현재 EU의 CityLabs 프로젝트로 이어지고 있다.[10]

차) 태국

태국은 세계 10대 스마트시티 국가로의 도약을 꿈꾸는 나라다. 중진국 함정을 탈출하는 것이 시급한 국가의제였던 태국은 중장기 경제개발정책으로 『Thailand 4.0』을 추진하면서 기존 경제 구조에 ICT 기술을 접목해 경쟁력을 가진 고부가가치 산업으로 전환한다는 전략을 폈고, 스마트시티 개발은 차세대 인프라 구축과 확장을 위해 빠질 수 없는 로드맵의 하나의 큰 조각이 되었다.

범정부차원에서 2022년까지 약 77~100개의 스마트시티를 구축하겠다는 원대한 '디지털 전환' 포부를 밝히면서, 2017년 최초 Phuket을 시작으로 2018년에는 Phuket(푸켓), Bangkok(방콕), Chonburi(촌부리), Chiangmai(치앙마이), Chachoengsado(차층사오), Rayong(라용), Khon Kaen(콘깬)의 7개 스마트시티 시범도시를 지정해 적극적으로 프로젝트를 시도해 왔다. 2019년에는 27개 주, 2020년에는 전국 76개 주 중 27개 주 40개의 시가, 2022년 3월에는 총 31개 주 56개 시 개발을 신청하였고, 이 가운데 5개의 신도시가 개발됐다.

태국 스마트시티 프레임워크는 7대 핵심분야인 스마트 에너지, 스마트 환경, 스마트 이코노미, 스마트 거버넌스, 스마트 모빌리티, 스마트 리빙, 스마트 피플로 구성되어 있으며, 아낌없는 투자 인센티브로 스마트시티 진출 기업을 독려하고 있다. 중점 기관 중 하나인 디지털경제진흥원(DEPA)에서는 20년에 걸친 장기 '스마트시티 개발 로드맵'을 수립해 2036년에는 아세안 스마트시티 선도국가가 될 것을 목표로 삼고 있다.

그림 39 태국 스마트시티 개발 로드맵 개요

---

10) 스마트시티 정책, '해외 각국은 다 계획이 있구나'/경제정보센터

(1) 푸켓

태국은 관광의 편의성과 현지인의 삶의 질을 높이기 위해 유명 관광 도시를 스마트 모빌리티, 헬스케어, 에너지 등으로 스마트시티화할 대형 프로젝트들에 노력을 쏟고 있다. 이중 최초의 스마트시티 개발 지정 지역이었던 푸켓의 경우, 2023년까지 이노베이션 파크 설립, 스마트 와이파이, 스마트 헬스케어 서비스, 광범위한 CCTV 설치 외 13개의 프로젝트가 추진될 예정이다.

2021년 중 22개				2022~2023년 중 17개			합계
스마트 환경	스마트 경제	스마트 에너지	스마트 리빙	스마트 모빌리티	스마트 피플	스마트 거버넌스	
4개	5개	3개	9개	4개	6개	8개	39개

표 4 푸켓 스마트시티 개발 프로젝트 예상 수효

프로젝트의 비전은 행복을 추구하는 창조경제 향상을 통한 지속가능 성장 관광지를 만드는 데에 있으며, 프로젝트를 통하여 많은 관광객이 오가는 푸켓은 한층 더 편리하고 안전한 스마트시티로 거듭나고, IT 시스템 구축과 동시에 지속가능한 경제로 진입하게 될 것이다. 특히나 역점을 두는 분야는 1)스마트 교통, 2)스마트 관광, 3)스마트 에너지에 해당한다.

이러한 프로젝트들은 태국 디지털경제사회부, 디지털경제진흥원(DEPA), 국가전자컴퓨터기술센터(NECTEC), 푸켓시개발회사 등이 공동으로 추진하고 있다.

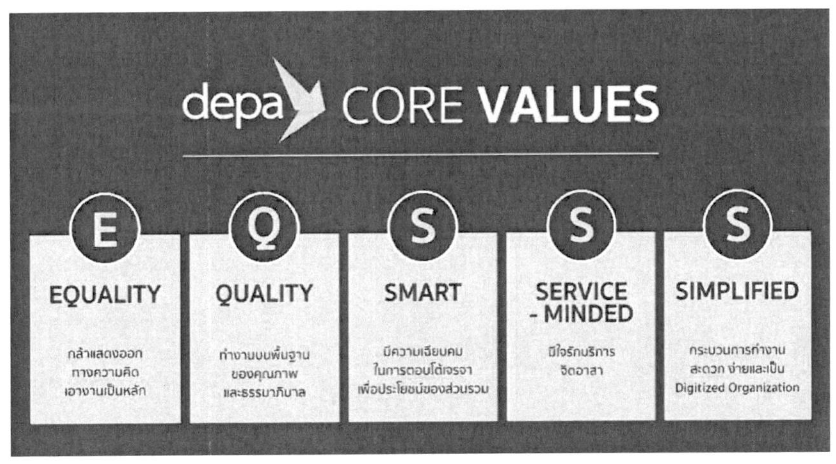

그림 40 그림 40 Digital Economy Promotion Agency
(디지털경제진흥원, DEPA)

(2) 방콕

태국은 방콕과 같이 이미 인구밀집도가 높은 도시를 발전시키는 형태로 기술 및 혁신이 현지의 거주 여건과 통합되어야 함에 초점을 기울이고 있다. 방콕은 도시의 디지털화 계획과 스마트시티라는 주 목적에 따른 구역 기반의 개발을 하면서, 디지털 인프라 개발과 인력 양성 등에 초점을 맞추고 있다.

대표적인 프로젝트 사례로는 방콕시 정부와 씰라빠꼰 대학교가 손을 잡은 '고령자 보건 서비스'가 있다. 본 프로젝트는 에코 시스템 구축과 공공 서비스를 오픈 월드 플랫폼으로 개발하기 위한 도시 정보 모델을 수립하고, 지역 네트워크와의 협력으로 도시를 개발하며, 리빙 갤러리, 플라워 랩, 푸드 랩 등 지역의 혁신, 창의성, 문화를 촉진하는 창조 경제를 개발하려 함에 목적이 있다. 연구는 2021년 1분기부터 시작되었으며, 2023년 BMA(방콕시 정부)의 지원으로 실험에 돌입할 예정이다.

<방콕 지역 기반 개발도>

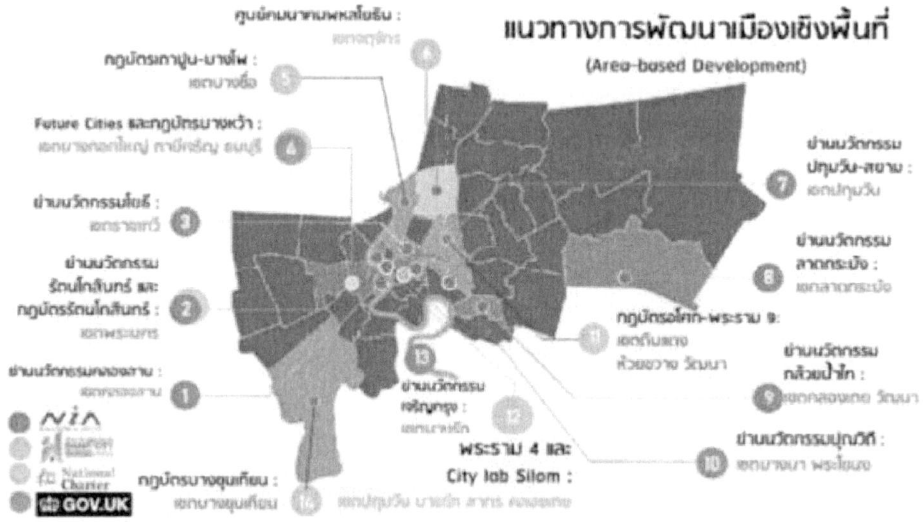
แนวทางการพัฒนาเมืองเชิงพื้นที่
(Area-based Development)
Future Cities
City lab Silom :
GOV.UK
11)

그림 41 방콕 지역 기반 개발도

또한 방콕의 스마트시티 및 스마트 모빌리티 개발의 핵심은 기존의 철도 및 지하철 시스템을 십분 활용하는 데에 있다. 태국은 방콕 중심부에서 북쪽으로 약 10km 떨어진 bangsue(방쓰) 지역을 글로벌 게이트웨이로 성장시키려는 비전을 품고 있다. 방쓰는 지역의 새로운 대중 교통 허브로 자리매김하고 있으며, 방콕의 새 대도심이 될 촉망을 받고 있다.

---

11) 출처: 방콕시

방쓰는 다음과 같은 3가지의 스마트시티 모델을 제시한다.

1. **스마트 교통**으로 사람들이 보다 편안하고 안전하게 이동할 수 있는 도시.
   방쓰 중앙역과 다양한 구역을 연결하는 스카이 워크 네트워크를 구축한다.

2. **스마트 에너지**로 고효율 냉각 네트워크 시스템 가동. 태양 에너지와 에너지
   관리를 위한 ICT 및 인공지능 기술을 활용한다.

3. Chatuchak(짜뚜짝) 공원 주변 녹지 조성을 통한 **스마트 환경** 관리. 재활용
   및 폐기물 처리양 감소에 중점을 둔 폐수 및 하수를 관리한다.

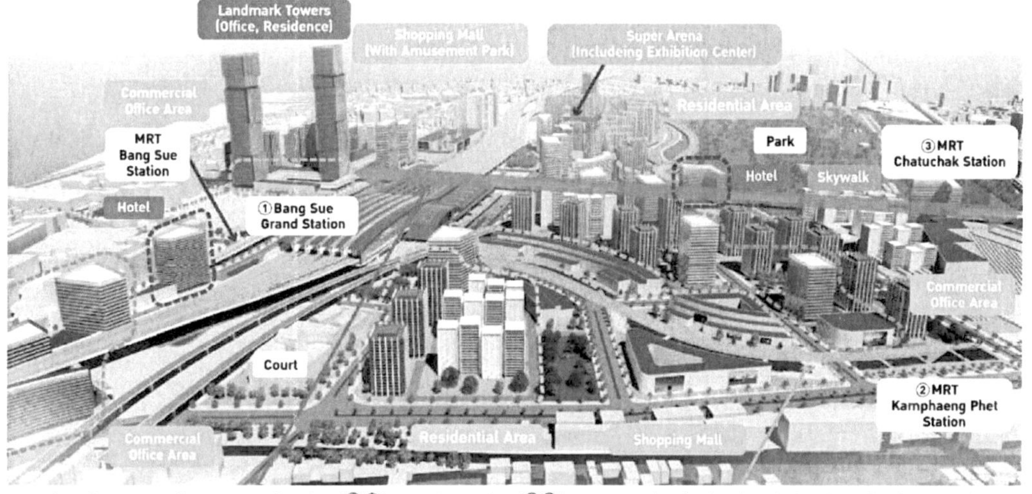

그림 42 Bang Sue Area The New CBD & Transport Center

　　　　(3) EEC

태국 수도인 방콕과는 반면, 인구 밀도가 낮은 도시를 새롭게 스마트시티로 조성해 나가는 형태의 개발 방식도 존재하는데, 바로 동부경제회랑(EEC) 지역에 적용된다. 동부경제회랑이란 East Economic Corridor의 약자로, 태국의 주요 산업 발달을 도모하는 임무를 띠고 동해안 전역에 걸쳐 설립된 경제특구이자 경제개발정책이며, 촌부리, 라용, 차층사오 주가 이에 해당된다.

동부경제회랑 내 스마트시티 개발은 교통 인프라 확충을 최중점으로 한다. 1단계에는 2024년까지 EEC 디지털 파크과 EEC 혁신지구 개발, 고속 철도 개통을, 2단계에는 2027년까지 물류 여건 개선 및 마스터 플랜 수정을, 3단계에는 2037년까지 추가 교통 프로젝트와 전기버스 보급을 확대키로 한다.

EEC는 총체적인 개발 방식을 함께 반영하면서도 3개의 주가 스마트시티 프레임워크에 부합하는 목표를 각각 수립하여 추진 중에 있으며, 그 내용은 아래와 같다.

[촌부리] 주요 추진 분야
1) 스마트 환경 : 오염 관리
2) 스마트 에너지 : 대체에너지 활용 / 전기차 충전 네트워크 / P2P 에너지 구매
3) 스마트 모빌리티: 교통 편의성 촉진 및 물류 관리
4) 스마트 리빙 : 센숙(Sean Suk) 차지구역 활성화
5) 스마트 피플 : 안정적인 노동 수급, 고학력 노동자 예치(예산 86,000달러)
6) 스마트 거버넌스 : 개인용 클라우드를 빅데이터에 연결
7) 스마트 이코노미
- 센서기술 및 온라인 플랫폼을 활용한 농업 지원(Farm to Table)
- EEC 지역 태국어, 영어, 중국어, 일본어 용 빅데이터 개발(예산 370만 달러)

[라용] 주요 추진 분야
1) 스마트 환경 : 물관리
2) 스마트 에너지 : 스마트 그리드 적용
3) 스마트 모빌리티 : 스마트 스크린/ EEC 지역 교통 프로젝트 추진
4) 스마트 리빙 : CCTV 설치/ 녹지확대
5) 스마트 피플 : 인력 교육 실시
6) 스마트 거버넌스 : 원스톱 서비스
7) 스마트 이코노미 : 전자결제

[차층사오] 5대 개발 목표
1) 기업가 교육을 통한 경쟁력 향상 및 친환경 산업 및 상업시설 관리 추진
2) 차층사오 특성과 기준에 적합한 관광서비스 개발
3) 농업 생산 및 가공능력 향상을 통한 국제기준 부합 고품질 제품 생산
4) 삶의 질 향상 및 사회 복지 개선
5) 천연자원과 환경의 보존 및 복원

12)

그림 43 Eastern Economic Corridor

---

12) 출처 Ostasiatischer Verein e.V.

(4) 치앙마이

치앙마이는 태국 제2의 도시이며, 태국 스마트시티 프레임워크인 7대 중점분야가 모두 융합된 개념의 프로젝트를 우선적으로 추진할 계획이다.

1) 스마트 환경 : 기술을 적용한 폐기물 관리, 친환경, 녹지 활용을 중점 추진
2) 스마트 리빙 : 지역 주민들의 기술 접근성 향상, 의료 서비스와 연계되는 스마트 건강 시스템을 개발하여 치앙마이 지방의 의료 허브화 구축을 장려
3) 스마트 피플 : 지역 주민들의 창의성과 기술을 강화시키기 위한 학습 플랫폼 개발, 빈부 격차를 축소
4) 스마트 에너지 : 신재생 에너지 활용
5) 스마트 모빌리티 : 주차 및 교통관리 향상
6) 스마트 이코노미 : 제품의 부가차지 증대
7) 스마트 거버넌스 : 정부 행정의 투명성 증대 및 지역주민 지원 확대

[주요 파일럿 프로젝트 사례]

교육 품질 보증 시스템을 구현하기 위한 【스마트시티 샌드박스】 프로젝트
- 추진기관은 치앙마이 대학교로 관리 시스템의 매커니즘을 생성해 해당 지역 교사의 역량을 제고하고, 학습자의 특성, 사회현상, 지역 특징 등을 고려하여 사회 기반의 학습 관리에 활용하기 위함에 목적이 있다.

편리한 셔틀버스 개발을 위한 【CMU 전기셔틀차량】 프로젝트
- 소유기관은 치앙마이 대학교로 대학교 내 야간 셔틀버스 승객의 편의를 높이기 위해 추진되었다. 치앙마이 대학교는 2021년 최대 16명의 승객을 수용할 수 있는 교내 전기 셔틀버스 40 대를 출시했다. 이 전기 셔틀버스에는 AI 이미지 프로세싱을 적용해 셔틀버스의 위치와 탑승인원의 데이터를 실시간으로 CMU 모바일 애플리케이션에 표시되는 기술이 적용되었다.

치안과 안전을 강화하는 【경찰 모빌리티 실시간 범죄센터】 프로젝트
- 시민과 관광객을 보호함과 더불어 정보통신 보급에 기여할 프로젝트이다. 치앙마이 관광지와 도심 주변에 최초로 설치된 스마트 리포팅 머신은 사고 발생 즉시 가장 가까운 경찰서에 경보 및 위치를 전송한다. 또한, 치앙마이 전역에 설치된 총 1,180대의 스마트 CCTV 카메라에 연결하여 경찰이 카메라에서 발견된 사건에 대해 실시간으로 조치를 취할 수 있게 된다.

그림 44 THAILAND SMART CITY EXPO 2022

태국은 지금 이 시간에도 스마트시티에 관한 투자가 활발히 진행되고 있는 곳이며, 최근 방콕에서 스마트시티 개선과 경제 변화를 이끌 투자 유치를 목표로 한 2022 태국 스마트시티 엑스포가 개최되기도 했다. Queen Sirikit 국제 컨벤션 센터에서 열린 이 엑스포에서는 3일간 한자리에 모인 전문가들이 에너지, 산업, 생활, 의료, 모빌리티, 환경 및 통신과 같은 다양한 형식의 아이디어를 함께 나눴다.

하지만 일각에서는 태국의 이 역동적인 개발들이 구시가지 주민들에 대한 이해가 부족하고, 강압적인 접근 방식을 사용하는 경향이 보인다며 BMA에 대한 저신용을 주장하기도 했다.

카) 터키

터키 정부는 『2022-2023 국가 스마트시티 전략 및 실행계획』을 발표했다. 해당 계획에 따르면 2023년까지 인구 50,000명 이상의 모든 도시에는 스마트시티로 개발하기 위한 전략 및 로드맵을 수립할 것이며, 정부 주도하에 빠른 디지털 전환을 추진할 것이라고 한다.

터키에서의 스마트시티 추진은 2000년대 초부터 시작됐다고 할 수 있다. 터키는 기술 발전으로 인해 1960년대부터 도시 지역으로의 지속적인 이주로 발생한 도시 인프라 관리 문제를 처리하고, 인구 불균형 해소 및 교통체증 등 도시의 문제들을 해소하기 위해 다양한 혁신적인 시스템을 도입한 스마트시티 관련기술 개발 및 도입을 추진해 왔다.

하지만, 2015년 스마트시티 구축 노력을 개시한 세계적 메가시티 이스탄불을 제외하고는 지난날 스마트시티는 국가 의제였다. 다소 지체되기는 했지만, 2019년 말 『2022-2023 국가 스마트시티 전략 및 실행계획』 발표와 코로나19로 디지털 전환이 가속화되면서 전문가들은 2024년 터키의 스마트시장이 약 $17.5억 규모로 성장할 것을 예측했다.

이스탄불, 앙카라, 이즈미르, 부르사, 코니아 등 주요 지자체를 중심으로 개발이 진행되고 있으며, 진출 유망 분야로는 스마트 모빌리티, 스마트 에너지, 스마트 거버넌스, 스마트시티 플랫폼, 스마트 공공 안전 등이 있다. 단기적으로는 시스템 구축을 통한 대중의 편의성을 향상시키고, 중장기적으로는 자원 절약과 환경 보호, 도시화에 따른 인구 과열현상 등을 해결하는 것에 목적이 있다.

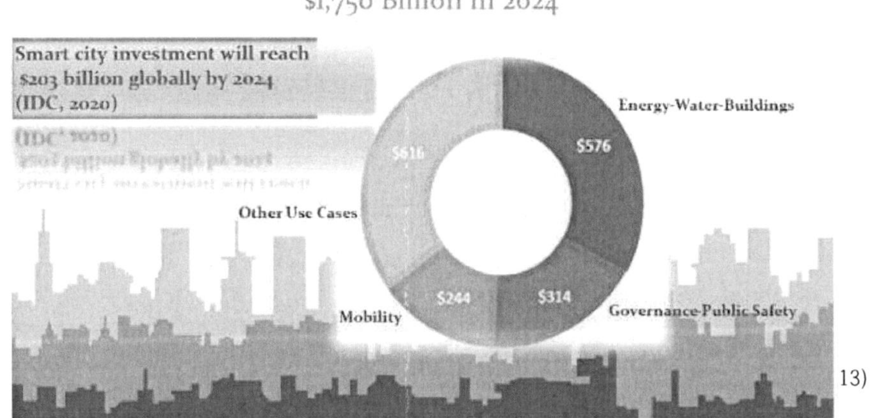

그림 45 튀르키예 2024년 스마트시티 시장 규모 개황

---

13) 출처: NOVUSENS

(1) 이스탄불

전 세계 33개의 메가시티 중 하나인 이스탄불은 다양한 스마트시티 솔루션을 시행하는 등 터키의 스마트시티 정책을 선도하고 있다. 이스탄불 시(IMM)는 2015년에 ISBAK와 같은 기업과 함께 포괄적인 스마트시티 전환 이니셔티브 및 로드맵 수립을 시작하였으며 IMM은 스마트 시티 수행을 위한 통합 거버넌스를 달성하기 위해 스마트시티 부서를 설립한 터키의 첫 번째 지자체이기도 하다. 이스탄불의 스마트시티 비전은 '2029년까지 삶의 질에 가장 커다란 기여하는, 세계에서 가장 스마트한 도시'이며, 단기(2019), 중기(2023), 장기(2029) 전략 목표 및 스마트시티 로드맵을 갖추고 있다.

8개의 주요 영역은 '모빌리티, 환경, 에너지, 거버넌스, 경제, 삶, 인간 및 안전' 부문이다.

(2) 앙카라

터키의 수도인 앙카라는 터키에서 두 번째로 인구가 많은 도시이다.

앙카라에는 많은 대학교과 터키의 유명한 테크노파크가 소재하고 있으며 대학교 졸업생 비율은 국가 전체 평균의 두 배이다.

이러한 환경적 배경은 기술 기반 투자 시 필요한 인력을 제공할 수 있다. 앙카라는 터키의 국방 산업, 소프트웨어, 전자 산업 부문에서 1위의 도시로 알려져 있다.

앙카라에는 통합 고형 폐기물 관리 시스템, 스마트 물관리 시스템과 같은 환경 프로젝트를 진행하고 있다.

앙카라의 스마트 교통카드인 앙카라 카드는 철도, 지하철, 버스 통합 서비스를 제공하고 있다.

(3) 이즈미르

이즈미르는 인구 430만 명, 제곱킬로미터 당 약 363명 인구 밀도를 기록하며 터키에서 세 번째로 인구가 많은 도시이다.

이즈미르는 고대 시대부터 무역 및 항구 도시였으며, 터키 GDP의 6.2%를 차지하고 있다.
이즈미르 시는 10,000개 이상의 스마트 기기를 관리하며, 2017년 이래로 이즈미르 프로젝트 및 지능형 교통 시스템을 통해 621,000m의 광섬유 케이블을 보유하는 등 터키에서 가장 긴 광 네트워크를 갖추고 있다.

모빌리티 개발에 더하여 이즈미르에는 ESHOT(이즈미르 광역시 자회사) 워크샵 빌딩의 10,000평방 미터 크기의 옥상에 설치된 태양 전지판, 환경 프로젝트로 설치된 환경친화적 조명 시스템, 폐수 처리 공장, 고형 폐기물 처리 시설을 갖추고 있다.

이즈미르 카드는 케이블카 및 수상, 철도, 지하철, 전차, LRT, 버스 서비스 등에서 사용할 수 있다.

(4) 부르사

부르사는 310만 명의 네 번째로 인구가 많은 도시로, 자동차와 섬유 산업이 발달하였다.

부르사시는 통합된 전략을 수립/수행하기 위해 스마트시티 & 혁신부를 설치했으며, 스마트 교통, 스마트 거버넌스, 스마트 환경, 스마트 사회, 스마트 헬스케어라는 다섯 가지 스마트시티 분양을 설정하였다.

부르사 시 정부는 알츠하이머와 정신 장애가 있는 시민을 위해 러브칩이라는 특수한 스마트 리빙 앱을 만들었다.

다른 많은 도시처럼 부르사는 스마트 교차로, 도시 및 교통 카메라, 교통량 지도, 스마트 주차 솔루션, 대중교통 정보 시스템 등 모빌리티 분야에서 스마트시티 솔루션을 개시했다.

또한 태양열 발전소 등 환경 프로젝트를 진행하고 있다.

환경 카테고리에서는 재생 가능한 에너지원 사용을 장려했고, 유비쿼터스 통제, 관찰, 이러한 시설에 대한 실시간 의사결정 등을 가능하게 하도록 SCADA 센터를 설치했다.

부르사의 스마트카드인 부카트는 지하철, 전차, LRT, 버스 서비스 비용 지불에 사용되고 있다

(5) 코니아

코니아는 면적 면에서 터키에서 가장 큰 도시이며, 인구 측면에서는 7번째로 큰 도시이다.

코니아는 고속 기차 네트워크에 연결되어 있어 수도인 앙카라와 이스탄불에 상대적으로 더 쉽게 접근할 수 있다.

코니아 스마트시티 프로젝트 수행은 코니아 시(KMM)의 정보기술국이 담당하고 있으며, 코니아는 터키에서 스마트시티 이니셔티브, 특히 교통 및 e-지방자치 분야에서 잘 알려져 있다.

교통시설 관리 및 승객 정보는 스마트 대중교통 시스템(ATUS)을 통해 제공되며, 교통 관리, 사고 감지, 교통 정보는 중앙교통운영시스템(METIS)를 통해 제공된다.

또한, 역사적인 도심을 보존하기 위해 자전거의 사용, 자전거 공유 프로그램, 기둥이나 와이어를 사용하지 않는 전차 사용의 중요성을 강조하고 있다.

코니아의 자전거 공유 프로그램은 약 500대의 자전거와 515km의 자전거 전용 도로를 보유하고 있다.

스마트 환경 기반 조치들에는 고형 폐기물 발전소에서 메탄가스를 통한 전기 생산과 공공 빌딩의 스마트 솔루션 사용, 스타디움, 의회, 과학 센터 등 대규모 빌딩에 LEED 인증 친환경 솔루션 사용 등이 포함된다.

타) 인도네시아

인도네시아는 급속하게 도시화가 진행됨에 따라 교통정체, 에너지 소비 증가 등의 문제점들이 대두되고 있으며 이러한 문제들을 해결하기 위해 정보통신부, 국가개발기획부 등 정부 유관기관 및 민간단체들의 협업으로 스마트시티 계획을 추진하고 있다. 현재는 자카르타, 반둥, 마카사르, 슬레만 지구, 족자카르타 특별주 등에서 대규모 스마트시티 사업이 진행되고 있다.

(1) 자카르타

자카르타의 스마트시티 목표 중 하나는 시민 피드백으로부터 빅데이터를 분석함으로써 공공 서비스의 대응력을 향상시키는 것이다. 이를 위해 시는 데이터 정책 수립부터 데이터 수집, 통찰력 분석 및 창출, 민간 기업과의 협업까지 단계적 접근방식을 택했다.

2012년, 인도네시아는 'Open Government Indonesia '이니셔티브에 착수하였으며 자카르타는 전국에서 처음으로 자료와 시스템 관리에 관한 자체 내규를 제정해 시내 공공기관들이 공공 데이터를 공유하도록 유도했다. 2014년 자카르타 스마트시티(JSC, Jakarta Smart City) 프로그램은 교통상황에 대한 실시간 정보를 제공하는 Waze, 홍수상황에 대한 실시간 정보를 공유하는 트위터 계정, 시민들이 불만을 제기할 수 있는 앱인 Qlue 등 시민들로부터 공급받은 다양한 데이터를 통합하기 위한 데이터 플랫폼으로 마련되었다.

자카르타는 'City 4.0'이 되기를 열망하며, 시는 민간기업과 공공기관 간 산업협력을 가능하게 하고, 데이터를 공유하고, 통찰력을 개발하며, 나아가 공공서비스를 개선하여 시민 욕구를 더 잘 충족시키는 원스톱 플랫폼이 되고자 노력하고 있다.

(2) 반둥

전임 반둥시 시장인 Ridwan Kamil은 혁신과 기술의 문화를 만드는 반둥시가 되겠다는 비전을 가지고 스마트시티 거버넌스를 추진하고 있다. 양질의 공공서비스 창출, 국가민간기구(ASN) 성과 향상, 시민과의 상호작용 촉진, 데이터 투명성(개방형 데이터) 지향 등을 목표로 하고 있다.

공공서비스는 시정부 출판물과 정보뿐만 아니라 인구, 인허가, 민원, 과세, 사업 관련 업무 등의 측면에서 진행되는 혁신 형태가 있는데, 이러한 서비스는 모두 기술 기반 및 온라인 서비스로 제공되고 있다. 따라서 반둥 시민들은 언제 어디서나 이 서비스를 이용할 수 있고, 이러한 혁신적인 공공서비스를 통해 2016년 국가 공공서비스에서 Top99 중 3위를 차지하기도 했다. 더 나아가 2021년 Eden Strategy Institute에서 발표한 글로벌 50대 스마트시티 정부 순위에서 인도네시아 도시로는 유일하게 28위를 차지한 성과를 가지고 있다.

(3) 마카사르

마카사르 시(Makassar City)는 남부 술라웨시의 수도이자 인도네시아 동부의 관문이자 무역, 사회적, 정치적, 경제적 중심에 있는 도시이다. 그러나, 해마다 늘어나는 인구와 제한된 천연자원으로 인해 도시 관리는 점점 더 복잡해지고 있다. 마카사르 시정부는 이러한 문제를 해결하기 위해 자원의 잠재력을 극대화하고, 직면해있는 제약이나 문제를 최소화하기 위한 일환으로 스마트시티 적용에 나서고 있다.

마카사르시의 스마트시티 프로그램은 기술 부문의 스마트시티와 사회/문화 부문의 Sombere(마카사르 언어인 Sombere는 친절하고 예의 바르다는 뜻) 등 두 부문이 조화된 프로그램이다. 이러한 마카사르 시에서 진행하고 있는 주요 스마트시티 프로그램은 아래와 같다.

[War Room]
- 마카사르 Sombere와 스마트시티의 개념을 보완하기 위해, 마카사르 시장은 사회 문제들을 해결하기 위해 Pemkot Makassar의 운영 공간인 War Room을 만들었다.
- 2015년 12월에 운영을 시작한 War Room은 시정부 소유의 115개 CCTV를 통해 도시의 활동을 감시할 수 있다.

War Room은 공공데이터를 관리하는 운영자 15명, 콜센터는 24명의 운영자가 번호 112를 통해 민원 접수 업무를 맡고 있다. 콜센터의 기능은 재난, 범죄, 건강 문제 등 비상 상황에 중점을 둔다. War Room 운영 이후, 마카사르 시의 범죄율이 급격히 줄었으며, 특히 야간 통행안전성이 높아졌다고 한다.

파) 베트남

2021년 디지털 경제 규모가 전년대비 31%나 성장한 베트남의 '디지털 전환'의 시계
가 빠르게 돌아가고 있다. COVID-19의 영향으로 전자상거래, 온라인 배달 서비스 산
업이 성장한 측면도 있지만 정부의 『2025-2030 국가 디지털 전환 프로그램』 발표의
영향으로 본격적인 디지털 전환 가속화가 기대되는 상황이다. 또한 베트남은 지속적
으로 경제 발전을 이루어 왔으므로 2040년까지 도시인구가 베트남 전체 인구의 절반
을 차지할 것으로 전망되고 있다.

따라서 각 정부 부처들을 선두로 도시 서비스 개선, 인적자원 효율화, 삶의 질 향상,
자원 활용을 통한 국가관리 효율성 향상 등을 목표로 스마트시티 관련 법률 제정 및
투자 유치를 진행하고 있다. 현재 베트남 63개 지방시·성 중 41개 시·성에서 스마트
시티 프로젝트를 개발에 착수했거나 착수 중이며 하노이, 호치민 등 주요 대도시 및
관광지를 중심으로 대형 프로젝트가 집중되어 있다.

진출 유망 분야로는 교통 인프라 구축, ICT 인프라, 그린에너지, 핀테크, 스마트팜,
에듀테크 등이 있고, 외에도 교육, 헬스케어, 전자정부, 보안 및 안전 등 공공부문 전
반적인 산업 분야는 물론 민간부문까지 광범위하게 개발이 이루어질 것으로 보인다.

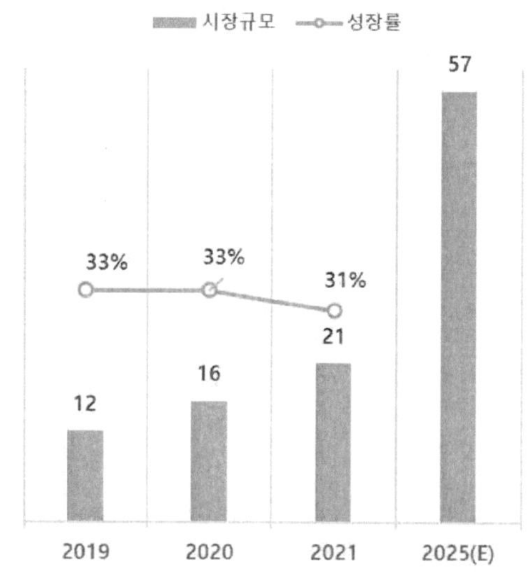

그림 46 베트남 디지털경제 규모 추이

특히나 하노이, 호치민, 다낭은 싱가포르에서 선정한 'ASEAN 스마트시티 네트워크
구축 협력 도시'로 선정되어 공동개발 예정에 있다. 베트남의 지방시·성은 대부분 낙
후되어 있고 IT 활용 수준이 낮은 편이라서. 이 주요 3도시가 IT 활용 전체 비중 중
70% 이상을 차지한다.

나. 국내시장

1) 규모 및 전망

그랜드 뷰 리서치의 전망에 따르면 2017년 599억 8000만 달러(약 66조 2400억 원) 규모 세계 스마트 시장은 2023년까지 연평균 18.9%로 성장해 1694억 3300만 달러 (약 187조 1300억 원)에 이를 것으로 예상된다. 이러한 세계 흐름에 따라 국내 스마트 시티 시장규모 전망은 다음과 같다.

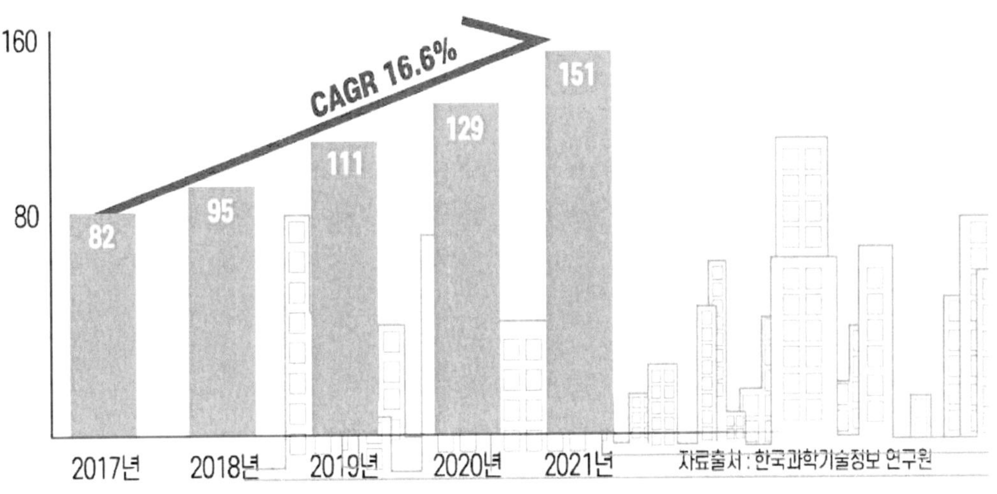

IT로 탁월한 한국은 '스마트시티'에서도 단연 앞장서고 있다. 스마트시티는 정부가 선정한 8대 핵심 선도 사업 가운데 하나이며 현재 정부의 중추적인 사업 추진 방향이기도 하다. 대통령직속 4차 산업 혁명위원회 주관으로 국토교통부 등 관계부처 합동으로 마련한 '스마트시티 추진 전략' 보고서에 나와 있는 목표는 다음과 같다.

"정보통신기술(ICT)을 활용하여 도시 문제를 해결하고 삶의 질을 높이며, 4차 산업혁명에 대응하는 미래 성장 동력으로 스마트시티 정책을 추진한다."

우리나라의 경우에는 기존의 u-city를 통해서 확보된 플랫폼 접근방식을 강화하여 각 사일로 간의 연계를 위한 노력의 일환으로 112와 119의 CCTV 정보공유 및 공동대처를 위한 5대연계서비스가 대전시를 중심으로 성공적으로 진행한 바 있다.

최근에는 전국적으로 40개 이상의 도시에 통합플랫폼을 표준화하여 보급 중에 있으며, 3년 이내에 기초지자체의 50% 이상이 5대 연계 서비스를 제공할 수 있게 될 것이다. 세계적으로 대표적인 스마트시티로 인정받는 인천 송도의 경우에는 도시 내에 설치되어 있는 CCTV영상을 모니터링하고, 번호판을 자동으로 인식하여 범죄발생을 최소화한 바 있다.

우리나라에서는 그동안 첨단교통시스템(ITS)을 중심으로 서울시 및 광역대도시들은 교통관제센터가 도시운영관리의 중요한 축을 담당하고 있었는데, 버스정보시스템, 교통카드시스템, 교통안내서비스 등 다양한 교통서비스가 등장하면서, 교통은 스마트시티 발전에 있어서 핵심적인 기능이 되고 있다.

서울시의 경우, 2013년부터 빅데이터 분석을 통해 심야버스인 일명 '올빼미'버스를 성공적으로 운행 중인데, 밤 12시 이후 택시 등 교통수단공급이 원활하지 못한 지역에 집중적으로 심야노선버스를 배치하여 시민들의 안전한 귀가를 지원하는 서비스로 호평을 받기도 하였다.

데이터관련 기술의 발전에 따라 2018년부터 착수된 국가혁신성장동력 프로젝트는 대구와 시흥을 테스트베드로 설정하고, 교통, 안전, 시설물관리, 환경, 에너지, 헬스케어 등을 위한 다양한 형태의 실증모델을 진행 중인데, 데이터기반의 서비스를 제공하기 위한 '개방형 데이터허브(Data Hub)'를 개발하여 적용할 예정이다.

개발된 데이터허브 모델을 대구의 도시운영차원에서 적용하고, 시흥시에서는 비즈니스 모델을 개발하기 위하여 노력 중이다. 각 서비스 모델에 대한 시나리오와 데이터를 수집하기 위한 소규모 플랫폼을 개발하여 데이터허브와 연결하고, 기존시스템과 연계해서 최적의 해법을 구할 수 있도록 설계되어 있다.

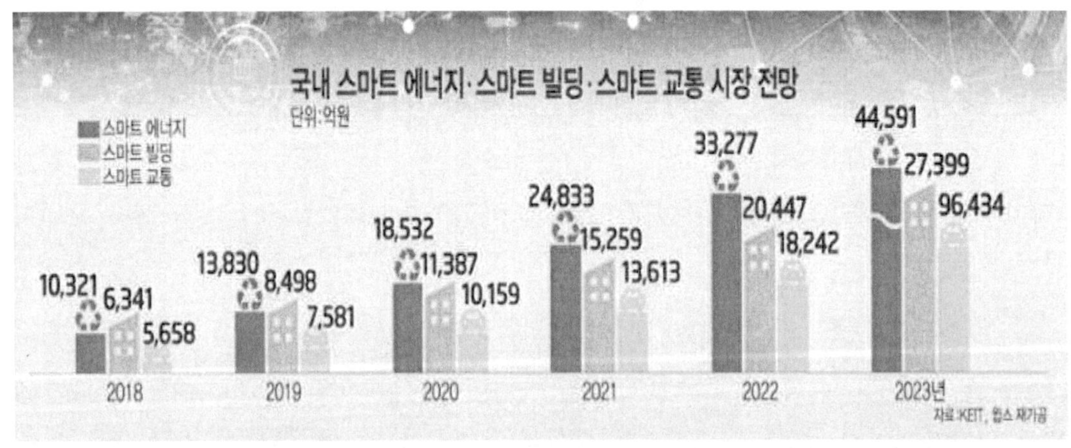

중소벤처기업부가 발간한 중소기업 스마트시티 전략기술로드맵은 스마트 에너지, 스

마트 빌딩, 스마트 교통, 스마트 환경, 안전 등을 스마트 시티 핵심 분야로 진단했는데 각 분야의 시장 성장률 역시 높다. 스마트 에너지, 스마트 빌딩, 스마트 교통 분야 시장은 2023년까지 연 평균 18.9%, 안전 분야는 6.7% 성장할 것으로 전망된다.

또한 2016년 한국과학기술정보연구원(KISTI)의 시장보고서에 따르면 국내 스마트시티 시장규모는 2021년 약 151조 원으로 2017년 대비 약 2배 성장할 것으로 전망되었으며 이는 전 세계 시장의 약 0.84%를 차지하는 것으로 분석된 바 있다.

우리나라는 유비쿼터스 시티 구축 노하우 축적으로, 선진국 대비 도시개발 역량 우위에 있으며 초고속 정보통신망, 도시통합 운영 센터 등의 ICT 인프라도 세계적 수준이며, 교통, 에너지 환경, 물 관리 등 기술력도 우수한 편으로 스마트시티 산업의 미래가 밝다.

정부	담당	활동
중앙 정부	국토교통부	도시운영 통합플랫폼 사업, 신기술 연계, 규제 샌드박스 발굴 * CCTV 활용 교통 방범 방재 등 통합 관리, 112, 119 연계 긴급구호 지원
	과기정통부	빅데이터·AI·IoT 등 혁신 ICT융합 솔루션 개발 실증 확대
	행정안전부	스마트시티 분야 공공데이터 개방 확대, 우수 서비스 확대 보급
	산업자원부	스마트미터(AMI), 에너지관리시스템(EMS), 에너지저장시스템(ESS)등, 검증기술 활용 도시 내 스마트 에너지시스템 확산
	환경부	수자원, 전기차 분야 스마트시티 확산사업 지속 추진
지방 정부	부산	- (해운대구) 개방형 스마트시티 실증단지 조성 ('15~'17년, 과기정통부) - (에코델타시티) 국가 시범도시로 지정 ('18~'22, 국토교통부)
	대구	헬스케어 플랫폼 구축 및 첨단의료 복합단지 조성 ('15~'17, 과기정통부) 및 자율주행 실증 도로 구축 ('17~'21, 국토교통부)
	세종	- 스마트공공자전거, 스마트주차정보, 3D 지하매설물 공간정보, 스마트가로등 등 K-Smart City모델 구축 ('16, 국토교통부) - 국가 시범도시로 지정 ('18~'22, 국토교통부)
	고양	사물인터넷 융·복합 시범단지 조성 ('16~'17, 과기정통부)
	성남(판교)	증강현실(AR), 공공WiFi 도입, 스마트파킹, 스마트가로등 등 상업·문화·관광 분야 실증 ('16, 국토교통부) 및 제로시티 자율주행 실증단지 구축 ('17~'19, 국토교통부)

그림 49 우리나라 정부별 국내 스마트시티 사업추진 내역

특히 정부는 스마트시티 시범 사업을 통해 지역 주민과 민간 주도로 각 지자체에서 스마트시티 조성이 추진될 수 있도록 지원을 계속하고 있다. 광주, 인천, 대전, 경기 수원과 부천, 경남 창원 등 각 지자체의 사업 계획에서도 스마트시티가 몰고 올 변화

의 흐름을 엿볼 수 있다.

인천시는 현대 자동차와 손잡고 영종국제도시의 대중교통 취약지역에서 '수요응답형 교통시스템(Mobillity on Demand)'을 도입해 시범 운영한다. 기존 버스노선과 무관하게 승차 수요가 있는 정류장을 탄력적으로 운행함으로써 시민 불편을 해소하면서도 버스 운영의 재정지원 지출을 절감하는 데 목적을 두고 있다. 시민의 자율적 택시 합승 및 위치기반 광고 서비스, 공유형 전동킥보드, 버스 및 지하철 연계 서비스 등도 함께 제공한다.

부천시는 한전KDN, 카카오모빌리티와 함께 신흥동 원도심 주거지 일원에서 블록체인 기술을 활용해 공영·민영주차장 정보 제공, 전기차 및 전동킥보드 운행, 차량공유 서비스 등을 제공한다. 주민 주도의 사회적 마을기업을 설립해 청년·공공주택 공급, 신재생에너지 인프라를 연계한 공동체 수익사업을 벌이는 것도 시범 사업에 포함됐다.

수원시는 삼성전자와 삼성SDS가 제공하는 5G 기반의 디지털 트윈 기술을 활용해 원도심 활성화와 시민 편익 개선을 모색한다. 이 기술을 적용한 스마트폰 앱은 시민의 행정서비스 인지도를 높이고 의사결정 참여 기회를 넓혀준다. 또 우리나라 최초의 계획도시인 화성 일대에서 '내 손안의 행궁동' 솔루션을 제공하는 한편, 공기 질 개선 및 빗물을 이용한 물 관리, 주차난 해소를 위한 공유차·공유자전거 서비스도 실험해 본다.

대전시는 LG CNS, KT와 함께 도심의 주차난 해소를 위해 중앙시장 일원에서 공공과 민간의 주차시설을 모두 연결하는 맞춤형 주차공유시스템을 도입한다. 상인회, 건물주가 함께하는 시민참여형 협력체계를 구축하고, 전자 주차쿠폰 도입 및 포인트 대체 결재 등을 통한 주변 상권 활성화 전략도 추진한다.

광주광역시는 지역 중소기업들과 함께 블록체인 기반의 '데이터·리워드 플랫폼'을 구축해 지역 혁신과 함께 충장로 일대 상권 활성화에 나선다. 블록체인 기술을 적용한 개방형 데이터 플랫폼을 구축해 상권 활성화 분석, 유동인구 분석, 교통흐름 분석 등에 공동으로 활용한다. 광주시는 이번 플랫폼 운영 사업이 성과를 내면 시민주도의 잘 짜여 진 상생협의체가 더 확산될 것으로 기대하고 있다.

경남 창원시는 LG CNS와 제휴해 일반 산업단지와 낙후된 주거지역을 중심으로 에너지 기반의 지속가능한 수익사업 모델을 공동개발하고, 발생한 수익은 다시 환경과 안전 등 공익형 서비스에 투자하는 사업을 추진한다. 이를 위해 '스마트 지원센터'라는 이름으로 특수목적 법인(SPC)를 설립하되, 산업단지 내 중소기업에게 우선 참여할 수 있는 기회를 주기로 했다.

2) 정책 변화

우리나라는 1990년대 중반부터 도시공간에 정보통신 기술을 적용하는 개념을 도입하기 시작했다. 이후, 1995년 국가지리정보체계 구축사업을 시작하였고, 2000년 구축된 정보를 기반으로 도시를 시스템적으로 관리하기 위한 도시정보시스템 구축 사업을 추진했다.

2004년 ITS839 전략을 수립하여 국내 스마트시티의 전신인 유비쿼터스 도시(U-City) 개념을 적극적으로 도입했으며, 2008년 「유비쿼터스도시의 건설 등에 관한 법률(U-City 법」을 제정하여 신도시 지역에 U-City법에 의거한 기반시설을 법으로 규정했다.

가) U-city

그림 50 Ucity 사업개요

U-CITY는 도시기능과 관리의 효율화를 위해 기존정보 인프라를 혁신하고 유비쿼터스 기술을 기간시설에 접목시켜, 도시 내에 발생하는 모든 업무를 실시간으로 대처하고 정보통신 서비스를 제공하며, 주민에게 편리하고 안전하며 안락한 생활을 제공하는 신개념의 도시이다. 이는 한국정부의 스마트시티 구축의 초기모델이기도 하다.

U-CITY는 도시화율이 증가함에 따라 다양한 도시문제가 발생하고 있으며, 이를 해결하기 위해 환경, 도시, IT 융합을 통한 스마트도시 프로젝트가 추진되었고 국제적으로 보면 스마트도시 프로젝트는 2008년에는 약 20개에서 2012년에는 약 39개국 125개 도시, 132개로 증가하였다.

국내에서는 2007년 8월부터 U-Eco City 연구개발사업을 추진하고, 총 49개 도시에 대하여 U-City 관련 구축사업을 지원하였는데 이러한 U-CITY가 구축됨에 따라 정부·지자체, 국민·가정, 기업은 각각 많은 이득을 가지게 된다. 정부·지자체는 고도화된 통신 및 센서 인프라를 통해 도시 관리의 효율성을 높이고, 대민 서비스 향상과 비용을 절감할 수 있으며 최상의 공공서비스 제공으로 지 자체의 위상 제고 및 도시의 가치상승 효과를 거둘 수 있다.

기존 도시	U-CITY 도시
거리 중심의 도시	정보 중심의 도시
인구 · 교통 · 업무의 집중화	인구 · 교통 · 업무의 분산화
환경오염, 에너지 문제	자급자족의 친환경 도시
시간적 공간적 제약	언제 어디서나 정보 접근 용이
새로운 도시기능 수용 한계	효율적 도시 관리 기능
생산자 중심의 제한된 시장 구조	소비자 중심의 뉴비즈니스 창출

그림 51 기존 도시와 U-CITY 비교

국민·가정은 언제 어디서나 네트워크에 접속되어 쾌적하고 안전한 생활환경을 누릴 수 있으며, 편리한 서비스를 통한 주거환경의 우위로 자산 가치 상승 등 경제적 이득을 얻을 수 있으며 기업 입장에서는 유비쿼터스 서비스 요구에 따라 새로운 분야의 기업이 창출되는 등 산업이 활성화 될 것이라고 예측되었다.

U-City 구축사업은 '유시티법'에 의거하여 통신망, 지능화된 기반시설, 도시통합운영센터와 같은 기반시설 구축 위주로 신도시의 인프라 조성사업과 함께 추진되었으며 유비쿼터스 도시의 건설 등에 관한 법률, 현재 종합지원시책 마련, 인증제도, 해외진

출 지원을 위해 스마트도시 조성 및 산업진흥 등에 관한 법률(스마트도시법)로 전면 개정되었다.

스마트시티 실증단지 조성사업은 기존 도시에 유무선 네트워크와 사물인터넷 기술을 적용하여 다양한 어플리케이션 기반의 응용서비스 발굴 및 시범적용을 위주로 추진되었다. 지자체별 U-CITY 추진 현황은 다음과 같았다.

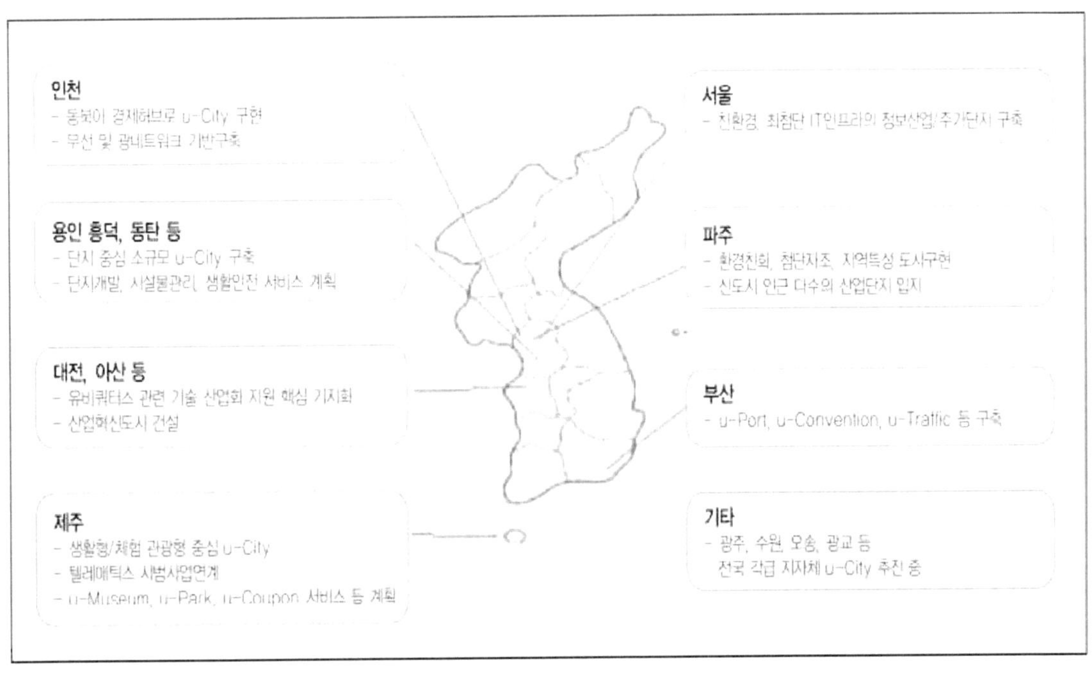

그림 52 지자체별 U-CITY 추진 현황

하지만 U-CITY 사업은 정부가 주도하는 톱다운 방식으로 기업과 시민들의 참여 없이는 성공하기 어려웠고 그런 이유로 하여 실패한 사업으로 일컬어진다. U-CITY는 모든 첨단 기술의 복합체였다. 정부와 지자체가 앞 다퉈 구축 경쟁을 시작했고 당시 발표한 지역만도 30곳이 넘었다.

U시티가 결국 실패한 이유는 지나치게 기술 중심으로 접근했다는 지적이다. 신기술 전시에 급급했고 정작 도시생활에서 필요한 편의성을 갖추지 못했다. 정부가 시장을 너무 앞서 갔고 민간영역을 공공부문에서 중복 투자하는 등 무리하게 정부가 주도한 점이 U시티가 정착하지 못한 배경이었다.

또 하나의 U시티 사업의 실패 이유는 정권이 바뀐 후 정부와 지자체의 추진 의지가 급속하게 식으면서 용두사미 정책으로 전락했다는 점이다.

나) '14~'18년도 스마트시티 정책

한국은 U-City 사업으로 세계의 주목을 받으며 통신 인프라 확대 등의 성과를 거두었다. 하지만, 단편적인 공공 서비스 수준을 벗어나지 못했고 정책이 변경되면서 2014년부터는 규모가 빠르게 축소되어 상당 기간 소강기에 접어들었다.

반면 2017년부터 스마트시티 고도화와 확산에 중점을 두며 국정과제로써 추진하며 활력을 다시금 띄고 전국적인 사업이 진행되었다. 정부는 2017년 4차 산업혁명에 선제적으로 대응하고, 신 성장동력 발굴을 위해 8대 혁신 성장 선도 사업을 선정해 추진했다. 8대 혁신성장 선도 사업은 스마트시티, DNA(데이터·네트워크·인공지능), 핀테크, 미래차(전기· 수소차· 자율차), 드론, 에너지신산업, 스마트팜, 스마 공장 등이었다.

그간 분야별 육성을 위한 정책방향 수립 및 성장기반을 마련하고, 8대 선도 사업에 대한 2019년 재정투자도 전년대비 78% 대폭 확대했다. 이와 함께 데이터경제, 인공지능, 수소경제 등 3대 전략투자 분야 및 공통분야로 U-City 구축, 시스템 연계, 스마트시티 본격화, 혁신인재양성을 8대 선도사업과 연계해 추진했다.

정부는 스마트시티 정책을 여건변화에 따라 단계적으로 확장·진화한다는 방침을 뒀다. 우선 2013년까지 제2기 신도시 및 행복도시·혁신도시 등 택지개발 사업에 고속 정보통신망·시스템(ICT) 구축사업을 결합했다. 스마트시티 인프라 구축에는 300만㎡당 평균 약 150억원의 예산이 투입됐다. 그중 2007~2013년 추진한 U-Eco City 연구개발 사업을 통해 U-City 기본서비스 및 요소기술, 통합플랫폼 등 기반기술을 개발했다.

2014~2017년 추진한 시스템 연계는 이미 구축된 스마트인프라 활용을 극대화하기 위해 공공을 중심으로 추진했다. 그중 236억 원이 투입된 지능화 도시정보시스템 R&D 사업을 통해 개발한 공공분야, 112 긴급영상, 119 긴급출동, 재난안전상황, 사회적 약자지원 이상 공공분야 5대 연계서비스 기반 통합플랫폼을 보급을 시작했고 2019년 기준 37개 지자체에 보급했다.[14]

이전 U-CITY와 스마트시티의 차이를 비교해 보면 다음과 같다.

---

14) ICT융합 심층리포트/ 정보통신산업진흥원

구 분	U-City	스마트시티
투 자	• 건설-ICT 융합인프라 투자 중심	• 서비스 인덱스 투자 중심
구축 방향	• 관리자 중심	• 시민, 기업, 정부 등 사용자 중심
시스템 구성	• 개별 인프라 Silo에 한정	• 시스템 간 연계와 지능화
지 반	• 신도시 개발	• 기존 도시 활용
정보 처리	• 개별관제센터	• 개별관제센터+연계센터+통합데이터 품질관리 등 검증+보안 강화
인프라	• 개별 인프라별 검지시스템과 일부 주요 인프라만 검지기 설치	• 모든 인프라에 IoT Embedded 및 호환가능

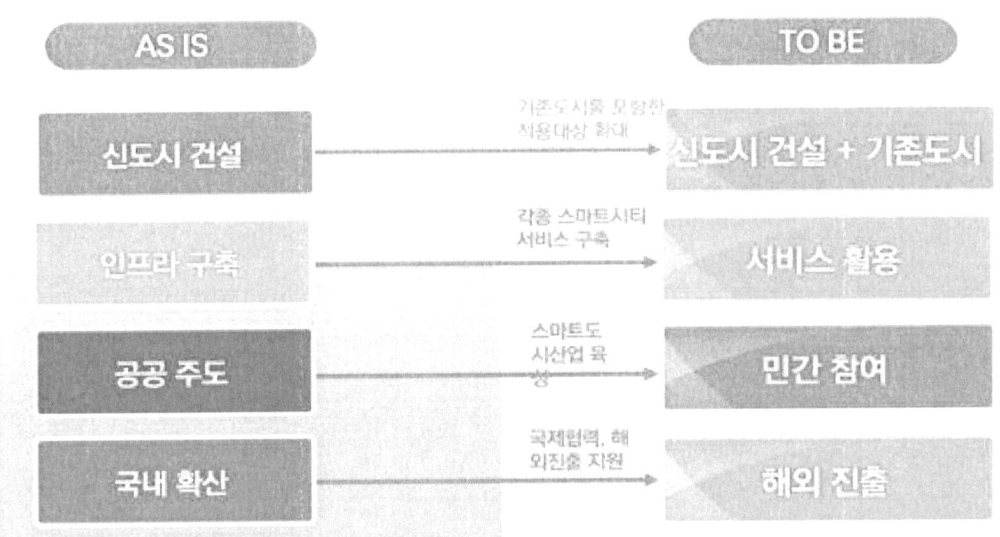

그림 54 U-CITY와 스마트시티 구축사업 비교표/ 스마트녹색도시연구센터

국내 스마트시티 정책은 스마트인프라 구축단계, 플랫폼을 통한 정보시스템 연계 단계를 거쳐, 2016년 이후에는 건설뿐 아니라 4차 산업의 활성화, 기존도시 문제 해결 등 보다 다양한 측면에서 스마트시티 정책 전환을 추진했다. 이러한 변화는 해외 스마트시티 정책의 추세를 반영한 측면도 있다. 관련 법률 또한 '유비쿼터스 도시의 건설 등에 관한 법률'에서 '스마트도시 조성 및 산업진흥 등에 관한 법률'로 명칭이 변경되었는데, 이는 새로운 스마트시티 정책이 과거 도시의 건설 중심에서 벗어나 도시의 운영 및 관련 산업의 진흥으로 정책이 변화하고 있음을 의미한다.

가장 대표적인 사례로는 인천송도 신도시와 세종시가 있으며, 교통, 방범, 시설물 관리, 환경, 행정, 특화서비스 개발 등 공공서비스 중심으로 삶의 질 향상을 위해 운영되었다.

인천송도 스마트시티는 인천경제자유구역(IFEZ) 도시통합정보센터가 관리하고 있으며 교통, 환경, 안전, 재난, 시설 등 다양한 분야의 정보를 수집하여 이용자에게 제공 된다.

세종 U-City는 행정정보도시 구현을 목표로 안전하고 편리한 생활 지원을 위해 정보 서비스를 통한 방범, 대중교통 도착 안내, 산불감시 등의 서비스를 제공한다.

그림 55 인천송도 스마트시티 주요기능

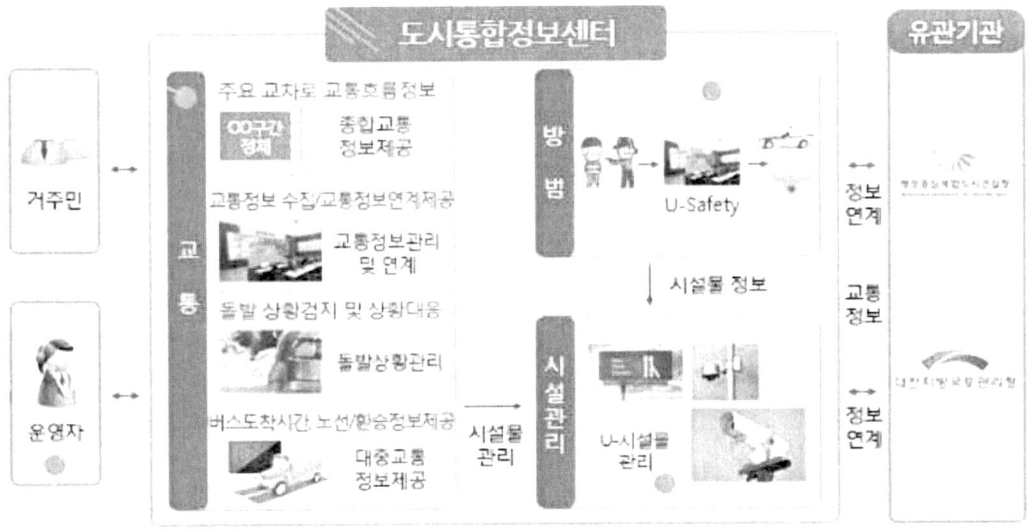

그림 56 세종 U-CITY 주요기능

다) 제3차 스마트도시 종합계획

국토교통부는 『한국판 뉴딜(2020)』의 일환으로 스마트시티 통합플랫폼 기반 구축 사업을 포함시키면서 대상 지자체 29곳을 선정했다. 한국판 뉴딜 종합계획은 스마트시티 관련 정책은 아니더라도 매우 긴밀한 관계에 있는 정책이라고 할 수 있다.

한국판 뉴딜사업은 디지털 뉴딜의 4개 분야(DNA 생태계 강화, 교육 인프라 디지털 전환, 비대면 산업 육성, SOC 디지털화)와 그린 뉴딜 3개 분야(도시·공간·생활 인프라 녹샌 전환, 저탄소·분산형 에너지 확산, 녹색 산업 혁신 생태계 구축) 그리고 이를 통한 사회안전망 강화의 2개 분야(고용사회 안전망, 사람 투자)로 구성되어 있다.

이 계획에서는 디지털 기반 교육, 스마트의료, 스마트 물류 체계 등 스마트시트 부문별 서비스뿐 아니라 도시 및 산단의 공간 디지털 혁신, 국토·해양·도시의 녹색 생태계 회복, 지능형 스마트 그리드 구축, 신재생 에너지, 그린 모빌리티 등 스마트시트의 거의 모든 부문을 망라하고 있다고 볼 수 있다.

'스마트도시 종합계획'은 「스마트도시법」에 근거한 5년 단위의 법정계획으로써 스마트도시 관련 계획 중 가장 상위 계획이다. 정부에서는 2019년 7월에 '시민의 일상을 바꾸는 혁신의 플랫폼, 스마트시티'를 비전으로 하는 '제3차 스마트도시 종합계획'을 발표했다.

스마트시티 비전을 달성하기 위한 목표로는 1)공간 데이터 기반 서비스로 다양한 도시문제 해결, 2)모든 시민을 배려하는 포용적 스마트시티 조성, 3)혁신 생태계 구축을 통한 글로벌 협력 강화를 제시하였으며, 4대 전략으로서 1)도시 성장 단계별 맞춤형 스마트시티 모델 조성, 2)스마트시티 확산 기반 구축, 3)스마트시티 핵심생태계 조성, 4)글로벌 네트워크 강화 및 해외수출 지원을 제시했다.

맞춤형 스마트시티 모델 조성을 위해서 세종 5-1 생활권과 부산 에코델타시티와 같은 국가시범도시를 조성했고, 도시형·단지형·솔루션형 스마트시티 챌린지 사업을 지원하며, 쇠퇴지역에 대한 도시재생과 연계한 스마트시티 조성을 추진하는 등의 사업을 추진하며 U-city의 한계를 극복할 만한 스마트시티 정책으로 피상적인 성장이 아닌 질적 성장을 기대하고 있다.

3) 정책 현황

정부는 스마트시티 추진전략('18.1)을 통해 성장단계별 맞춤형 스마트시티 조성·확산 기반을 마련해, 8대 혁신성장 선도 사업으로 정책 추진동력을 확보해왔다. 이를 바탕으로 5년 중장기 로드맵인 「제3차 스마트도시 종합계획('19~'23)」을 발표('19.7)했다.

'시민의 일상을 바꾸는 혁신의 플랫폼, 스마트시티' 비전하에서 △공간데이터 기반 서비스로 도시문제 해결 △시민을 배려하는 포용적 도시 조성 △혁신생태계 구축과 글로벌 협력에 관한 사항을 담았다.

 ① (맞춤형 모델조성) 도시성장단계별(신규-기존-노후) 맞춤형 스마트시티 모델 조성을 지속하고, 지자체 대상 공모사업도 확대 개편하여 특화도시(대) / 단지(중) / 솔루션(소) 사업 구분, 규모·개수 차별화

 ② (확산기반) 도시성장단계별(신규-기존-노후) 맞춤형 스마트시티 모델 조성을 지속하고, 지자체 대상 공모사업도 확대 개편하여 특화도시(대) / 단지(중) / 솔루션(소) 사업 구분, 규모·개수 차별화

 ③ (혁신 생태계) 과감한 규제개선, 기업·시민참여 거버넌스, 창업지원, 수요-공급 매칭 등으로 스마트시티 혁신 생태계 활성화

 ④ (글로벌 협력·진출) 민간 해외진출을 위한 포괄적 지원방안(금융지원, 네트워크 구축, 대중소기업 동반진출, 전방위 수주노력 강화 등) 추진, G2G 및 국제기구 협력 강화, 월드 스마트시티 엑스포 출범

한편 글로벌 확산을 위해 한-아세안 스마트시티 네트워크를 구축하고 아세안 국가와의 스마트시티 구축 및 교류 협력 방안을 모색하고 있다. 이러한 정책적 변화는 스마트시티를 통해서 4차 산업 기술들을 구현할 수 있도록 민간 기업을 지원하고, 새로운 스마트시티 산업이 등장할 수 있는 여건 조성과 관련 일자리를 창출하기 위함이다.

이와 더불어 스마트시티 산업의 활성화를 위해 글로벌 스마트시티 네트워크를 구축하여 국내 스마트시티 관련 기업들의 해외 진출을 촉진하고 글로벌 협력 관계를 강화해 나가려는 방향으로 정책들을 추진하고 있음을 의미한다.

지난 2019년 6월 기준 전국 78개 지자체는 스마트시티 전담조직을 구성하는 것으로 나타났다. 정부의 다양한 정책 추진 및 조성·확산에 힘입어 스마트시티 정부 지원사업을 추진하는 지자체도 총 67곳으로 집계되고 있다.

가) 국가시범도시

국가시범도시는 4차 산업혁명 관련 기술을 개발계획이 없는 부지에 자유롭게 실증하고 접목하면서 조성하기 위해 실행되었다. 또한 창의적인 비즈니스 모델을 구현할 수 있는 혁신산업 생태계를 조성하여 미래 스마트시티 선도 모델을 제시하는 것을 목표로 추진 중이며, 두 곳의 국가시범도시에는 세종과 부산 두 곳이 있다.

(1) 세종 5-1 생활권

인공지능(AI)·데이터·블록체인 기반으로 시민의 일상을 바꾸는 스마트시티 조성이 목표다. 이동수단(모빌리티)/건강관리(헬스케어)/교육/에너지·환경/거버넌스/문화·쇼핑/일자리 등 7대 서비스 구현에 최적화된 공간계획을 마련했다.

특히 최적화된 이동수단(모빌리티) 서비스를 제공할 수 있도록 도시 공간구조부터 새롭게 계획하고, 자율주행·공유 기반의 교통수단 전용도로와 개인소유차량 진입제한 구역을 설치할 예정이다. 시민의 생명과 안전을 지켜나기 위한 건강관리(헬스케어)도 서비스로 제공된다. 골든타임 확보를 위해 응급용 드론을 활용하고, 응급센터까지 최적 경로 안내 등 서비스도 실현한다.

그림 57 세종 5-1 생활권 공간 구상

이에 구역별 구체적 시행계획은 다음과 같다.

① (혁신성장진흥구역) 입지규제 최소화 및 스마트서비스 융복합·활성화 공간

② (자율주행 전용도로) 자율주행·공유차·1인 전동차(퍼스널모빌리티) 전용(일반차량 제한)

③ (소유차량 제한구역) 자율주행 전용도로 안으로는 소유차량 진입제한

④ (인공지능(AI)데이터센터) 핵심 기반시설로 데이터센터 반영

⑤ (스마트교육) 초·중·고등학교간 효율적 시설운영을 위한 학교시설 통합설계

⑥ (스마트테크랩) 신기술 시험장(테스트베드) 및 다목적 기업지원 용지

⑦ (제로에너지타운) 마이크로그리드, 에너지저장장치(ESS) 등

(2) 부산 에코델타시티(세물머리 지구)

급격한 고령화나 일자리 감소 등 도시문제에 대응하기 위해 로봇과 물 관리 관련 신산업 육성을 중점적으로 추진한다. 생활 전반에 착용 가능(웨어러블) 로봇, 주차로봇, 물류이송 로봇이나 의료로봇 재활센터(건강관리 구혁)를 도입한다. 도시 내 물순환 전과정(강우-하천-정수-하수-재이용)에 스마트 기술서비스를 적용해 기후변화에 대응하는 '한국형 물 특화 도시모델'을 구축할 계획이다. 도시 내에는 증강현실을 비롯해 4차 산업혁명 관련 신산업 육성을 위해 '5대 혁신 클러스터'도 조성된다.

또한 4차위(4차 산업혁명 위원회)는 각 도시 성장 단계별 맞춤 전략으로 스마트시티 사업 가속화와 함께 스마트시티 접목 가능한 네트워크, 빅데이터, 인공지능 등 미래 공통 선도 기술에서부터 자율주행, 스마트 그리드, 가상현실 등 시민체감 기술까지 집중 육성할 계획이다.

먼저 공통 선도 기술인 네트워크 육성을 위해 초 연결 지능형 네트워크의 조기 상용화와 선제적 표준화 대응 등 2022년까지 추진할 계획이며, 2017년 IoT 전용망 구축에 더해 세계 최초 5G 조기 상용화와 10기가 인터넷망 상용화 등 네트워크 핵심 인프라를 확보한다.

네트워크와 함께 공통 선도 기술 중 하나인 빅데이터 육성을 위해 4차위는 분석·예측 정밀도 향상, 금융·통신·공공·바이오 등 분야별 전문 빅데이터 전문센터 구축, 데이터 개방·유통·연계를 통해 촉진시킬 예정이며, 인공지능은 언어·시각·음성지능 등 핵심 요소기술의 경쟁력 확보를 위해 기초연구 지원, 제도정비, 관련 인프라 등 확충할 계획이다.

4차위은 공통 선도기술 육성과 함께 융·복합 및 응용기술인 스마트도로와 이동체 육성을 위해 도시유형별 개별 특성을 고려해 스마트도로를 단계적 전환을 추진하고, 스마트시티 기반도 구축할 계획이다.

자율주행은 레벨3 상용화(2020년) 이후 레벨4 단계(2021년 이후)등 개발 단계를 고려해 국가 시범도시 내 도로 등 인프라 구축과 시범운행 추진할 계획이며, 4차 산업혁명 시대에 핵심 산업인 드론은 공공수요 창출 및 규제 샌드박스 사업 등을 통해 드론 활용영역을 지속적으로 확대해 나갈 계획이다. 또한, ICT·빅데이터·AI 기술을 활용해 완전한 자율·원격 비행이 가능한 미래형 드론 교통 관리체계인 K드론시스템 개발해 나갈 예정이다.[15]

현 국내 스마트도시 추진 현황은 다음과 같다.

<hr>

15) 4차 산업시대 핵심 스마트시티, 국내 추진전략은?/cctv뉴스

(3) 3기 신도시

국가시범도시의 추진 성과는 전국적으로 확대되어 향후 3기 신도시에도 스마트시티 조성 영향을 줄 전망이다. '3기 신도시'는 전국 대비 낮은 수준의 수도권 주택보급률에 안정적인 주택 공급의 플랜을 제시하기 위하여 정부가 추진 중인 「수도권 주택공급 확대방안」의 일환으로 계획된 공공주택지구이다. 제 2, 3차 수도권 주택공급 계획에 따라서 남양주 왕숙과 왕숙2, 하남교산, 인천계양, 고양창릉, 부천대장 5개 지구를 2020년까지 3기 신도시로 지정 완료했다.

3기 신도시

지구명	남양주		하남 교산	인천 계양	고양 창릉	부천 대장
	왕숙	왕숙2				
면적	865만 ㎡	239만 ㎡	631만 ㎡	333만 ㎡	789만 ㎡	342만 ㎡
호수	5만4천 호	1만4천 호	3만3천 호	1만7천 호	3만8천 호	2만 호

구체적으로는 혁신 / 체감형 기술 등이 조화된 스마트시티로의 고도화를 도모한다. 그 Level-Up은 모빌리티 서비스, 스마트 그리드, 수소 인프라, 데이터·AI 기반 도시 운영, 헬스케어 등 다방면으로 시도해 볼 수 있다. 행복도시, 2기 신도시 등 이미 진행했던 스마트 서비스 접목성과를 가지고 3기 신도시에 이식을 하는 것이다.

또한 3기 신도시는 계획 단계에서부터 전문가 그룹이 참여하는 UCP(Urban Concept Planner)는 물론, 지자체 사전협의나 시민의 의견 또한 수렴하여 '지역과 함께 만드는' 스마트시티로 조성될 예정이다.

나) 스마트시티 챌린지

한국형 '스마트 챌린지'라고 할 수 있는 스마트시티 챌린지 사업은 2016년 미국에서 진행한 Smart City Challenge 사업과 유럽 Horizon 2020 사업에서 특성을 착안해 도입한 경쟁 방식의 공모사업이다.

스마트시티 챌린지는 도시 성장 단계별 맞춤형으로 조성 및 확산하는 스마트시티 정책의 일환이며, 해당 사업에 민간기업의 참여를 적극적으로 유도하고 지자체와 시민의 수요를 반영하는 Bottom-Up 형식을 가진다. 따라서 스마트 챌린지를 통해서는 기업, 시민, 지자체가 도시에 혁신적인 기술과 창의적인 아이디어를 도출하고 적용해 교통, 환경, 안전 등의 도시 문제를 함께 해결할 수 있다.

2019년에는 본사업으로 경기 부천시, 대전광역시, 인천광역시의 3개 지역을 지원하였으며, 2020년에는 예비사업으로 강원 강릉, 경남 김해, 부산광역시, 제주도의 4개 지역이 선정되었다. 2021년에는 시티형 예비사업 대상지로 대구, 춘천, 충북, 포항 4곳을 최종 선정해 18년 28개 도시로 시작한 스마트시티 챌린지는 21년 두 배가 넘는 45개 도시로 확산되며 전국적인 성과가 나타났다.

선정된 지자체는 국비 15억을 지원받아 예비사업을 전개한다. 이후 평가를 거쳐 본사업으로 선정되는 경우에는 2년간 200억 원을 지원받아 도시 전역으로 민간기업의 혁신적인 아이디어를 활용한 종합 솔루션을 적용시킨 확산 사업을 펼치게 된다. 예비사업의 세부 사례 내용은 다음과 같다.

① 충청북도 <스마트 응급의료 및 자율주행 모빌리티 서비스>

충청북도는 충북 혁신도시, 오송, 오창 지역의 의료·교통 문제를 해결하기 위한 스마트 응급의료 서비스와 자율주행 전기차를 활용한 모빌리티 서비스를 추진할 예정이다.

핵심 솔루션인 스마트 응급의료의 경우 구급차 출동과 함께 병원 진료가 시작된다는 모토로 환자의 중즈도를 자동분류하여 이송병원을 선정하고, 원격 응급의료지도를 하는 등 처치현황이 구급현장과 이송예정 병원, 유관기관 상황실 간 실시간으로 공유되는 플랫폼을 구축한다.

충북 혁신도시와 청주공항, 오송역 등 도심 간 교통이 부족해 발생하는 불편함을 해소하기 위한 기존의 자율주행 운행지구(세종-오송)를 충북 혁신도시까지 확대하고, 자율주행셔틀을 운행한다.

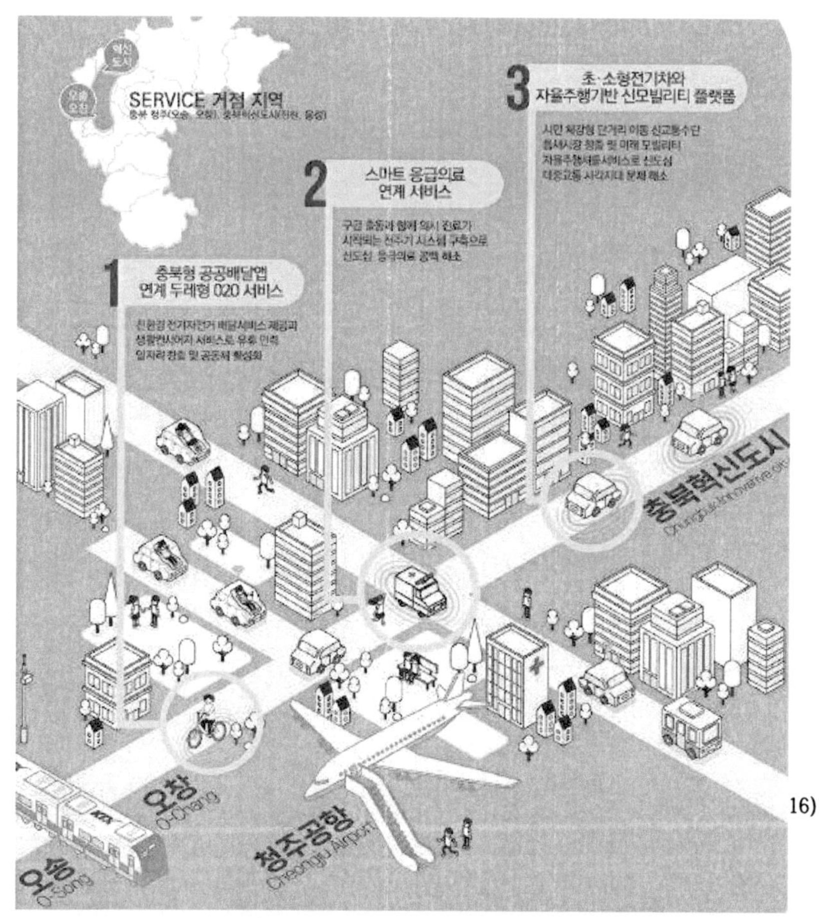

그림 61 스마트 응급의료·모빌리티 서비스

16) 국토교통부

② 대구광역시 <AI 기반 도심교통 서비스>

대구광역시는 실시간으로 교통상황을 관제하고 내비게이션으로 교통흐름을 분산시켜 도심교통을 개선하는 서비스를 제공할 예정이다. AI 기반의 신호 제어를 위해 경찰청과 업무협약도 맺었다.

보행자가 교차로 횡단보도에서 길을 건널 경우, 차량 운전자에게 보행자 주의 알림을 띄워 보행자 안전도 챙긴다.

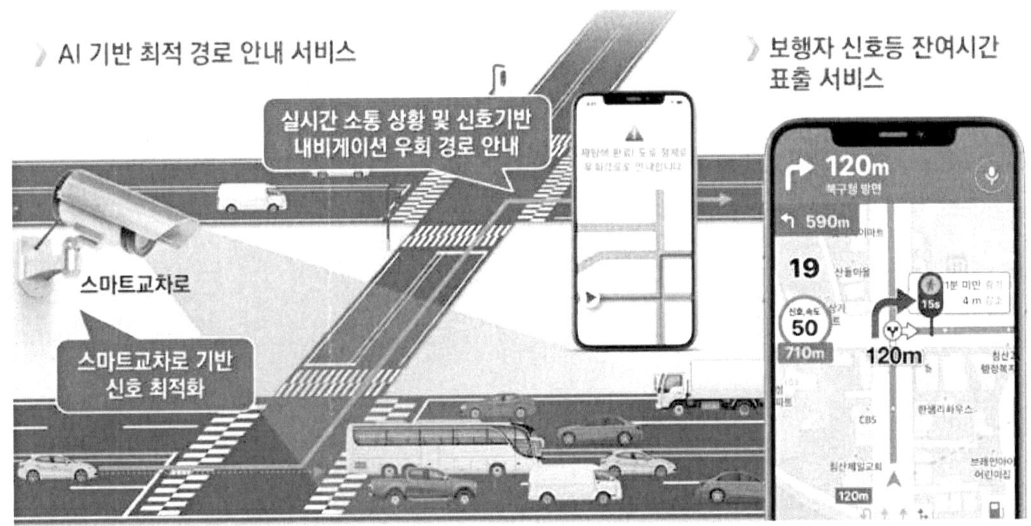

그림 62 AI 기반 도심교통 솔루션

① 경북 포항 < 시민이 편리한 도로안전·교통 서비스>

포항시는 고중량 차량으로 인한 도로 압력이 심하고, 인근 바다의 영향으로 염분이 많아 도로에 매년 5천개 이상의 포트홀(도로 파임)이 생겨 시민 불편이 잦았다. 이러한 고질적인 문제 해결을 위해 스마트 도로관리 솔루션을 도입할 예정이다.

사물인터넷(IoT) 센서를 통해 도로정비가 필요한 구간을 자동으로 검출하고, 보행자 안전을 위협하는 불법주정차나 적치물을 감지해 실시간으로 관리한다.

대학(포항공대)과 시민, 기업(포스코 컨소시엄)이 참여하는 사용자 검증단을 구성해 서비스가 실질적으로 어떤 체감효과를 갖는지 검증하는 리빙랩 방식으로 서비스를 실증한다.

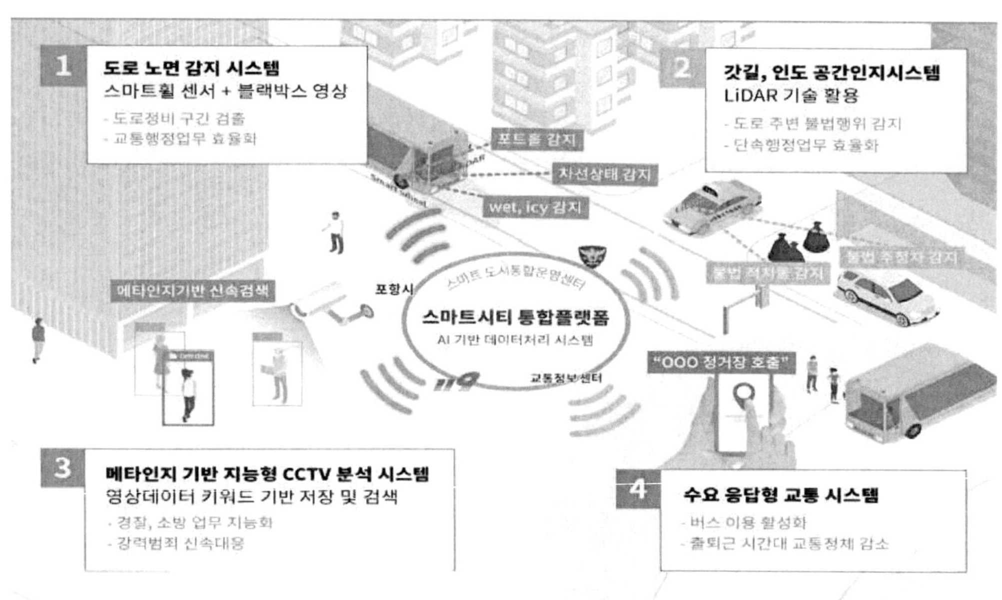

그림 63 스마트 도로안전 시스템

① 강원 춘천 <시민참여형 탄소제로도시 구현>

춘천시는 분지라는 지형적 영향으로 심화되는 미세먼지 및 열섬현상 해결과 교통체증 해소를 위해 시민이 주도할 수 있는 탄소배출권 플랫폼을 실증한다. 자동차에 센서를 달아 운행량이 줄어든 만큼 탄소절감 포인트를 제공하고, 택시 공유승차와 대중교통을 이용한 거리만큼 포인트도 제공한다. 개인의 친환경 노력과 모빌리티 공유서비스를 탄소배출권 수익 구조와 연계해 지자체 최초로 실증모델을 구현하겠다는 목표다.

그림 64 시민참여형 탄소배출권 시스템

다) 지역거점·중소도시 스마트시티 조성

2018년 스마트 챌린지 사업 도입 후, 교통·안전 등 도시 문제 해결을 위해 우수한 스마트 솔루션 발굴·확대를 추진했으나, 대다수의 중·소도시는 챌린지 사업에 참여하지 못했고, 주민들의 스마트시티에 대한 인식 및 체감도 역시 낮았다.

이에 스마트 챌린지 사업의 후속 사업으로 '지역거점·중소도시 스마트시티 조성사업' 을 추진 중이다.

지역 거점 스마트시티 조성사업은 첨단 솔루션에 대한 기술경쟁력 확보와 다양한 솔루션 도입을 기반으로 솔루션 및 도시 데이터 연계·통합, 확산을 위한 표준 구축 등 권역 내 선도 도시로서 기능할 수 있도록 지원한다. 또한, 중소도시 스마트시티 조성사업은 각 권역별로 국토 균형적 차원에서 지자체 자원을 배분하고, 우수 솔루션 발굴에 기여한 기업들이 우선 참여할 수 있도록 지원한다.

라) 스마트도시형 도시재생

도시재생사업은 스마트시티와 함께 도시를 대상으로 추진하는 사업의 중요한 축을 이루고 있다. 스마트 도시재생은 도시재생 사업과 연계하여 스마트 기술이 접목될 수 있도록 진행하고 있는 사업이다. 드론을 활용해 야간 및 등하굣길을 감시하고, 스마트 주차장을 조성하여 주민 교통 편의를 제공하는 등 도시재생 지역에도 스마트 기술이 도입되도록 추진하고 있다.

현재 경기도(고양시, 남양주시), 세종시(조치원), 경상북도(포항시), 인천광역시(부평구), 부산광역시(사하구), 전라남도(순천시) 총 7개 지역에서 진행 중이며, 그 내용은 아래와 같다.

① 고양시 덕양구 <화전지역 상생 활주로 "활.활.활" 뉴딜 사업>	
사업기간	'18-'21
사업내용	스마트 드론 안심형 도시재생 • 스마트 드론 지킴이 서비스 • 드론 앵커센터 등
위치	고양시 덕양구 화전동 226-13번지 일원

② 세종특별자치시 조치원 <세종시 원도심 살리기 프로젝트(청춘조치원 Ver.2)>	
사업기간	'18-'21
사업내용	스마트 인프라 구축, 창업 및 일자리 창출, 시민체감 서비스 발굴 등 • 스마트 가로등, 스마트 파킹 • 스마트시티 포럼, 스마트 도서관 등
위치	세종시 조치원읍 원리 141-54번지 일원

③ 경상북도 포항시 <새로운 시작! 함께 채워가는 미래도시 포항>	
사업기간	'18-'22
사업내용	문화 예술 허브 구축, 문화 예술 플랫폼 창작 공동작업장 조성 등 • 청춘 공영임대상가 • 보행자 중심의 예술문화 창업로 등
위치	경상북도 포항시 중앙동 일원

<table>
<tr><td colspan="2">④ 경기도 남양주시 <여유롭고 활력 넘치는 남양주구도심 재생
(Slow & Smart City, 함께하는 삶이 있는 금곡동)></td></tr>
<tr><td>사업기간</td><td>'18-'22</td></tr>
<tr><td>사업내용</td><td>공공청사 복합개발 역사·문화 특화거리 조성 등
• 공공청사 복합개발 등을 통한 스마트 인프라 구축 등</td></tr>
<tr><td>위치</td><td>경기도 남양주시 금곡동 일원</td></tr>
</table>

<table>
<tr><td colspan="2">⑤ 인천광역시 부평구 <도시재생뉴딜사업을 통해 부평 경제생태계 구축></td></tr>
<tr><td>사업기간</td><td>'18-'22</td></tr>
<tr><td>사업내용</td><td>지역상권 확산 프로그램, 보행환경 개선
• 생태·문화·도시 분야 종합 재생사업 및 혁신경제생태계 조성
• 굴포천 프로그램 연계 등</td></tr>
<tr><td>위치</td><td>인천광역시 부평구 부평1동 65-17번지 일원</td></tr>
</table>

<table>
<tr><td colspan="2">⑥ 부산광역시 사하구 <고지대 생활환경개선 프로젝트 안녕한 천마마을></td></tr>
<tr><td>사업기간</td><td>'18-'21</td></tr>
<tr><td>사업내용</td><td>고지대 이동편의 인프라 구축, 스마트시티 조성 등
• e로 및 경사형 엘리베이터 등 기반시설 확충
• 공공주택 공급 및 스마트시티 조성 등</td></tr>
<tr><td>위치</td><td>부산시 사하구 감천2동 13-1113번지 일원</td></tr>
</table>

<table>
<tr><td colspan="2">⑦ 전라남도 순천시 <꿈(정원문화), 맛(생태미식), 즐거움(만가지로)이 넘치는
문화터미널></td></tr>
<tr><td>사업기간</td><td>'18-'22</td></tr>
<tr><td>사업내용</td><td>AI기반의 생태관광정보 서비스, AR/MR 등을 활용한 스마트 관광 등
• AI 타임캡슐 서비스
• 체험 AR Street 및 스마트 관광안내소 등</td></tr>
<tr><td>위치</td><td>전남 순천시 장천3길 13 버스터미널 일원</td></tr>
</table>

4

스마트시티(Smart City) 산업 현황

4. 스마트시티(Smart City) 산업 현황

가. 해외 업계 현황

1) Cisco

캘리포니아 주 산호세에 본사를 둔 시스코는 1984년 스탠포드 대학교의 컴퓨터공학 연구원이었던 렌 보삭(Len Bosack)과 샌디 러너(Sandy Lerner) 부부에 의해 설립된 이후 지속적인 성장과 발전을 거듭해 왔다.

네트워크, 보안 시스템, 데이터센터, 이동·무선 등 인터넷 관련 솔루션 및 서비스를 제공하는 세계 최대의 통신 장비 업체다. 소비자를 직접 상대하지 않기 때문에 일반 인들에겐 널리 알려져 있지 않지만 IT업계를 대표하는 공룡 가운데 하나다. 시스코는 '인터넷의 핏줄'로 불리는데, 이는 세계 인터넷 트래픽의 80퍼센트가 시스코가 만든 네트워크 장비 라우터(router)·스위치(switch) 등을 통해 목적지에 도달하기 때문이 다. 라우터.스위치는 이메일이나 홈페이지 등에 원활하게 접속하게 해주는 장치로, 만 약 이 제품에 에러가 발생하면 네트워크는 즉시 마비된다. 시스코는 '끝에서 끝가지 (end to end)'를 모토로 삼아 인터넷 네트워킹 솔루션을 제공하고 있다.

시스코는 초기 스마트시티의 원동력 중 하나였으며 스마트시티 플랫폼 시장의 주요 업체 중 하나이다. 그것은 시스코 '키네틱 포 시티즈(Kinetic for Cities)'라는 이름의 스마트시티 프레임워크를 만들기 위해 일련의 도구와 지침을 발전시켰다. 또한 도시 의 네트워크 아키텍처, 조명, 환경, 주차, 안전 및 보안, 폐기물 관리를 위한 솔루션도 제공한다.

시스코는 스마트 미터 회사인 아이트론(Itron)과 협력하여 스마트 미터링 기술을 유틸 리티 기업용 개방형 엔터프라이즈급 네트워크로 전환했다.

시스코는 스마트+커넥티드 디지털 플랫폼을 통해 클라우드를 기반으로 스마트시티 생태계에 원활한 오케스트레이션을 제공했다. 이상적인 스마트시티 건설을 위해 필요한 여러 조건들의 우선순위와 예산 등을 종합적으로 고려해 효율적인 솔루션을 제공한다. 이렇게 만들어진 스마트시티 프레임워크는 스마트시티 구축을 위한 하나의 툴이자 가이드라인으로 활용된다.

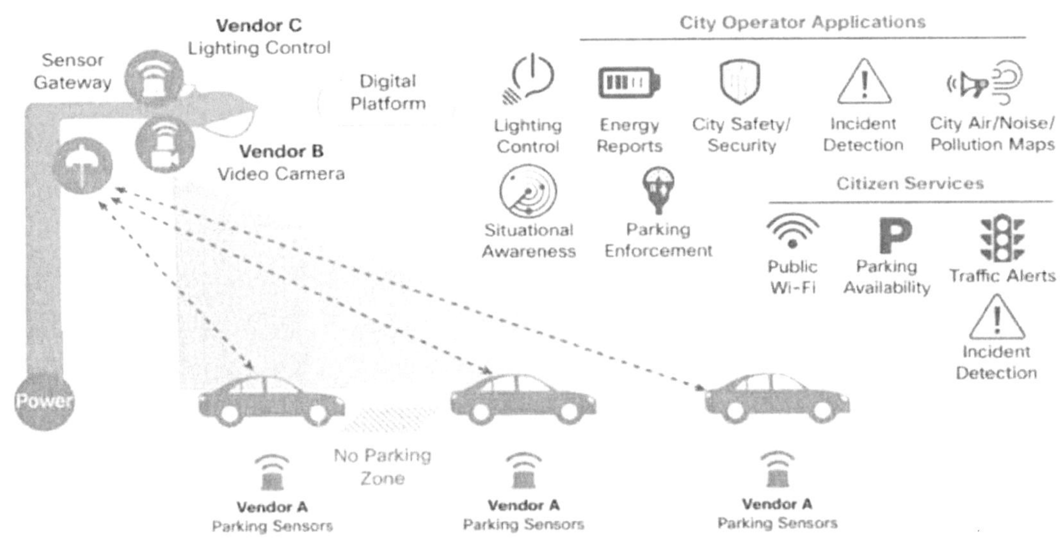

그림 68 시스코 스마트+커넥티드 디지털 플랫폼

이러한 오케스트레이션은 최고의 스마트시티 생태계 조성을 위한 다양한 파트너들과 협업으로 더욱 빛을 발하게 된다.

① 솔루션 파트너(센서, 애플리케이션, 애널리틱스)

스마트+커넥티드 디지털 플랫폼은 데이터가 빠르게 네트워크에 전송돼 여러 시스템에 추가될 수 있도록 도와주는 역할을 한다. 예를 들어 실시간 주차와 대중교통과 관련된 데이터들이 하나의 플랫폼에 통합돼 출/퇴근 시 막히는 곳을 알려줄 수 있다. 이를 통해 효율적인 도시 설계가 가능해진다.

② 시스템 인티그레이터(SI, Systems Integrator)

스마트시티 내 많은 부분에서 인프라 간 결합이 필요하다. 또 통합 인프라의 경우 공공 인프라 구축을 위한 허가를 받는데 있어 매우 중요한 요소인 만큼 SI와 파트너십이 중요하다. 예를 들어, 스마트 조명 솔루션은 조명과 같은 물리적 인프라와 이를 관리할 수 있는 대시보드와 같은 기술 인프라가 통합돼야 하는데, 이 두 인프라를 동시에 조정할 수 있는 SI가 필요한 것.

③ 통신사업자

통신과 인터넷 연결 서비스에 주력하던 통신사업자들이 스마트시티 분야까지 비즈니스 모델을 확장하고 있다. 시스코는 덴마크 코펜하겐에서는 TDC 통신사와, 미국 캔자스시티에서는 스프린트(Sprint)와 협업하는 등 여러 파트너십을 통해 스마트시티 솔루션을 구현하고 제공하고 있다.

시스코는 '도시용 시스코 키네틱(Cisco Kinetic for City)' 소프트웨어 서비스를 기반으로 스마트시티 비즈니스를 추진했다. 회사의 CEO인 척 로빈스는 시스코를 소프트웨어 서비스 판매라는 수익성 높은 비즈니스를 결합해 하드웨어와 소프트웨어를 아우르는 회사로 전환하고자 했다.

시스코는 스마트시티 인프라의 핵심 솔루션인 사물인터넷(IoT) 분야에서 전문지식을 높이기 위해 재스퍼 테크놀로지스를 14억 달러에 인수했다. 인수 다음 해에 시스코 키네틱을 출시했다.

그러나 시스코는 최근 시스코 키네틱 소프트웨어 판매를 중단했다. 기존 제품에 대한 지원도 순차적으로 중지할 방침이다. 원격 근무가 일반화되면서 기업 고객들에게 보안 서비스를 제공하는데 더 주력하겠다고 강조했다.

코로나19는 지방 정부의 예산 확보에 큰 타격을 주었다. 스마트시티 프로젝트가 위축된 것은 물론이다. 미국의 전국도시연맹이 발표한 6월 조사에 따르면 미국 도시의 65%가 인프라 프로젝트를 연기하거나 취소했다.

2) IBM

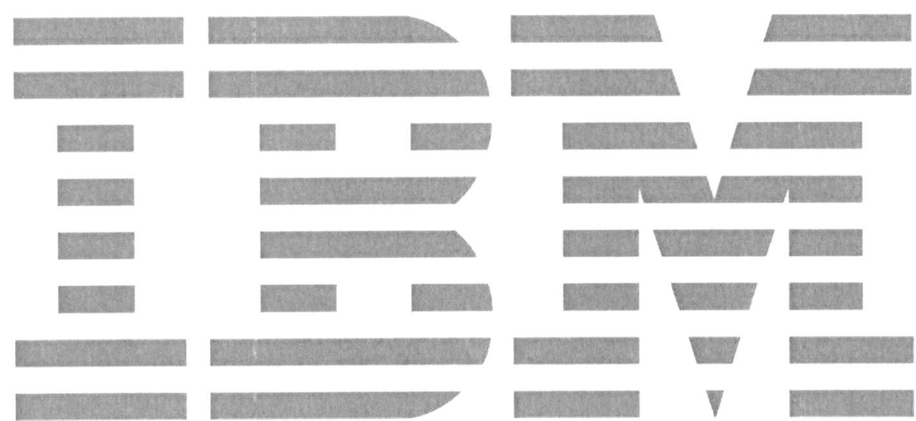

IBM(International Business Machines Corporation)은 미국의 다국적 기술 및 컨설팅 회사이다. 천공 카드 시스템을 고안한 허먼 홀러리스가 1896년 창설한 제표기기 회사가 1911년에 국제시간기록회사·Computing Scale Company·번디 제조회사와 합병해 세운 전산제표기록회사(CTR)가 이 회사의 전신이다.

이후 1924년 지금의 이름으로 변경하고 토머스 왓슨의 아들 토머스 J. 왓슨 주니어의 노력으로 PC를 개발했다. IBM이 PC를 개발한 뒤 내부를 공개 하였으며 수많은 업체들은 PC의 주변기기를 개발하였고 IBM은 로열티를 받지 않았기 때문에 PC의 기술은 빠르게 성장하였다. 그래서 전 세계 대부분의 사람들은 PC를 사용하고 있다. IBM은 PC의 기능을 보강하여 PS/2라는 새로운 컴퓨터를 만들기도 하였다. IBM은 주로 메인프레임을 위주로 한 하드웨어 업체였으나, 1990년대부터 소프트웨어, 서비스 등으로 분야를 넓혀왔다.

2000년대부터는 매출액 중 서비스/컨설팅 비중이 가장 큰 몫을 차지하게 되었다. 몇 년 전부터 리눅스를 강력히 지원하기 시작했다. 2002년 루이 거스너로부터 경영탑을 인수한 후 IBM를 크게 발전시킨 새뮤얼 팔미사노는 이 회사를 파멸에서 건져냈다는 평가를 받았다.

IBM사는 제4차 산업 혁명에 중요한회사이며 스마트시티의 개발을 시작하는데 중추적인 역할을 했다. 시작은 2008년과 2009년에 더 스마트한 행성과 스마트시티의 캠페인과 경쟁이었다. IBM 캐나다는 마크햄시에 있는 통신 그룹 벨 캐나다와 협력하고 있다. 도시기반시설 감시 및 문제 탐지 시스템을 테스트하기 위해서다. 이것은 2019년 초에 시작된 6개월간의 연구 프로그램이다. 벨의 광대역 네트워크, IBM 데이터 분석, 그리고 도시 각지에 배치된 센서의 데이터를 결합할 것이다.

IBM은 전세계 2000여 스마트시티 프로젝트를 수행한 경험을 보유했다. 국토부에서 주관하는 스마트시티 챌린지사업의 참조모델인 미국 콜럼버스시의 챌린지사업에 '스마트 콜롬버스 익스피리언스 센터'의 '고급 데이터분석·운영' 분야에 참여한 바 있다.

2019년에는 대전시 스마트시티 챌린지 사업 지원 협약에 따라 각종 행정시스템과 챌린지 실증 서비스 모델들을 분석해 데이터 허브 구축을 위한 전략계획이 수립되었으며 IBM의 인공지능 기반인 '왓슨 익스플로러'와 DB2를 통해 정형·비정형 데이터 분석도 진행되었다.

3) AT&T

1885년 세워진 미국전화전신회사(AT&T Corp.)를 전신으로 한다. 1885년 뉴욕에서 전화기의 발명가 알렉산더 그레이엄 벨에 의해 설립되었다.

20세기 초엽 미국 정부와 협상의 결과 전화사업의 독점권을 확보한다. 이러한 독점적 상태는 1970년대 초 반독점소송의 결과 해체되게 된다. 이후 지역 벨 전화회사 8개 사, 연구 개발부문 사업으로 분리되고 AT&T는 기본적인 장거리 서비스만 담당하는 전화회사가 되었다. 이것으로 인해 미국의 전화 산업은 시장경쟁체제로 전환되었으며, 특히 장거리 사업 부문은 MCI, 스프린트 등의 대규모 장거리 전화 회사의 성장을 가져왔다.

1990년대 후반부터는 대규모 케이블 회사인 TCI, 미디어원을 사들여, 케이블시설을 전국에 보유하여 그 시설을 통하여 고속 인터넷 통신사업 분야의 거물이 되었다. 그러나 주가의 저가 행진, 늦어지는 사업 매수 비용의 회수 등으로부터 재정적 압박을 받아, 2000년에는 케이블 부문, 장거리부문, 무선 부문 등의 사업 분할을 발표한다. 2005년 1월 31일 미국 내 2위 사업자인 SBC 커뮤니케이션에 의한 구매가 발표되었다.

또한 AT&T는 2006년에 미국 동남부 지역 벨 전화회사인 벨사우스를 인수하면서 벨사우스의 자회사이자 당시 미국 최대의 이동통신회사인 Cingular사를 함께 인수하여, 현재 AT&T 모빌리티라는 브랜드로 휴대폰 서비스를 제공 중이다.

AT&T는 2016년 10월에는 미디어 업체인 타임워너와 인수합병이 되었다. 2018년 6월 14일 합병 후 타임워너주식회사 에서 워너미디어 유한책임회사 으로 변경되었다.

AT&T는 자사의 스마트시티 프레임워크 지원을 돕기 위해 시스코, 딜로이트, 에릭슨,

GE, IBM, 인텔, 퀄컴 등의 회사들과 제휴하고 있다.

2019년 초 AT&T는 미국 라스베이거스에서 유비콰이어(Ubicquia)와 함께 스마트 조명 솔루션을 개발하겠다고 밝혔다. 이것은 공공 안전과 에너지 효율을 향상시키기 위한 것이다. AT&T는 조지아 파워, GE 커런트, 인텔 등과도 협력해 애틀랜타의 기존 가로등을 센서 지원 데이터 네트워크로 전환하고 있다.

AT&T의 IoT 담당 부사장은 "현재 AT&T는 스마트 시티를 구축하기 위해 사물인터넷 플랫폼을 구축하고 있으며, 이를 위해 1만 명이 넘는 솔루션 개발자들이 채용하고 있다"고 말했다. 또 "시민들이 세상과 상호작용하는 방식을 바꾸어놓을 수 있는 주변 연결기기(ambient connected devices)의 수를 현재 약 1300만개 설치하고 있으며, 향후 4년간 2600만 개로 늘려나갈 계획"이라고 밝혔다.

도시들의 반응도 매우 적극적이다. 많은 도시들이 사물인터넷 도시 건설을 희망하고 있는 가운데 AT&T는 메릴랜드 주의 몽고메리 카운티(Montgomery County), 노스캐롤라이나 주의 채플 힐(Chapel Hill)을 시범도시로 선정했다.

AT&T와 협력업체들이 선보이고 있는 사물인터넷 솔루션 가운데 자동차 관련 기술이 있다. 예를 들어 차의 와이퍼가 움직이게 되면 비나 눈이 어느 정도 오고 있는지, 혹은 온도 등 날씨 상황이 어떻게 변화하고 있는지 관련 정보를 송신하게 된다. 중앙컴퓨터 시스템에서는 이렇게 수집된 정보들을 분석해 길이 얼마나 미끄러운지, 또 교통 정체가 어느 정도 발생하고 있는지 등을 분석하게 된다. 실제로 LA에서는 이 솔루션을 통해 교통을 통제해 평균 속도를 16% 높였다.

4) 지멘스

SIEMENS

지멘스는 독일의 유럽 최대의 엔지니어링 회사이다. 자동화 및 제어, 에너지, 전력 발전, 철도, 의료 등 10개의 주 사업부문을 가진 복합기업이다. 1981년 설립된 멘토 지멘스비즈니스는 IC 및 전자시스템 설계, 시뮬레이션 솔루션을 공급하고 있으며 약 1만5천여 개 고객사를 두고 있다. 2016년 11월 지멘스 인더스트리 소프트웨어와 인수합병을 발표, 2017년 4월 합병절차를 마무리하고 PLM 사업부에 합류했다.

최근 지멘스는 스마트 시티를 위한 커넥티드 가전의 모습을 선보였다. 미래 변화의 주요 요인을 도시화, 개인화, 디지털화로 요약하고, 미래 스마트 시티에서의 커넥티드 가전의 역할을 강조했다. 지멘스는 예년의 전시와 비슷하게 세탁기, 커피머신, 전기 레인지, 냉장고 등을 선보였다. 동시에, 홈커넥트 앱을 이용한 가전의 서비스적인 측면을 주요 진화 방향으로 제시했다. 특히, 독일 업체들이 앞서 있는 유도 가열 방식의 전기 레인지에서는 조리 기구 위치에 관계없이 조리가 가능하고, 정밀 제어를 통해서 조리의 자유도를 높인 프리인턱션 플러스(Freeinduction plus)를 선보였다.

서비스적 측면에서는 음성 제어 탑재, 주문 및 쇼핑 연계, 카메라 기반 냉장고 체크, 사용자 상태 체크를 통한 음식 추천, 차량 연동 식재료 구입 등에 대한 기술 개발과 상용화 방향을 제시하기도 했다. 인공지능 음성인식을 통해서, 연결된 가전을 제어하고, 주방 기기를 위한 다양한 서비스가 융합되는 모습을 엿볼 수 있었다.

또한 독일의 자동차 관련 엔지니어링 업체인 이아프는 아우디-지멘스와 협력한 드라이브투샵 서비스를 전시하기도 했다. 드라이브투샵 서비스는 퇴근을 준비 중인 사용자가, 원하는 요리를 선택하면, 클라우드에서 냉장고의 식재료를 체크하여 부족한 재료를 파악하게 되며 이 서비스는 사용자가 집까지 가는 경로와 가까운 상점을 동시에 고려해서 최적의 길을 안내해 주게 된다. 결제가 끝나고, 사용자가 차량을 운전하여 상점에 도착하면, 차에서 내릴 필요 없이 준비해 둔 식재료를 트렁크에 실어 주게 된다. 사용자가 집에 도착하기 전에 전기레인지나 전기오븐이 미리 예열되어, 조리에 드는 시간도 절약해 줄 수 있다.

드라이브투샵은 스마트홈과 스마트카를 연결하고 여기에 쇼핑 서비스를 더하여 가전 업체가 그리는 커넥티드 시티의 단면을 보여 주었으며 지멘스는 항공, 자동차, 스마트 팩토리, 스마트시티 등 현재 집중하고 있는 다양한 산업 부문에서의 자동화 솔루션을 확대할 계획이다.

최근에는 AMD, 마이크로소프트(MS)와 협력을 추진, MS애저 클라우드에서 구현되는 서비스형 소프트웨어 시뮬레이션 툴 공급에 나서며 생태계 확장에 나서고 있다.

5) ABB

ABB 그룹은 로봇, 에너지, 자동화 기술 분야를 주된 사업으로 하는 스위스 취리히에 본사를 둔 다국적 기업이다. 1988년 스웨덴의 Allmänna Svenska Elektriska Aktiebolaget, 스위스의 Brown, Boveri & Cie가 합병하여 탄생한 기업이다.

엔지니어링, 전력, 자동화 솔루션, 서비스 분야의 저명한 기업으로 주택과 건물 자동화, 전기 그리드, 수도 교통, 지역 난방과 냉방에 지능적인 솔루션을 제공하고 있고, B&R을 인수해 디지털 솔루션 포트폴리오를 B&R 제품과 결합해 산업 자동화 및 디지털 오퍼링을 확대하고 있다.

ABB는 GE의 산업 IoT 부문을 인수, BEMS 및 FEMS 솔루션 사업을 확대 중이다. 빌딩, 데이터센터, 제조공장, 전기차 충전소 등 고객별 맞춤 솔루션을 제공 중이며 특히 빌딩에는 IoT 설비를 활용해 건축 단계에서부터의 스마트 빌딩 구축 사업에 참여 중이다.

2022년 상반기에는 삼성전자와 협력해 스마트 빌딩 기술을 주도하기도 했다. 주거용 및 상업용 건물의 에너지 절약, 에너지 관리, 스마트 사물인터넷(IoT) 연결을 위해 공동 개발 기술을 제공하는 글로벌 파트너십을 체결한 것이다.

이번 협업을 통해 삼성과 ABB는 홈 오토메이션 기술에 대한 고객 접근 확대, 기기 관리 개선, 전기 부하 이동이 용이해졌다. 스마트 홈은 중앙 집중 시스템을 통한 연결 장치와 통합 가전 제품을 사용해 비용, 시간, 에너지를 절약한다.

거주자는 삼성 스마트싱스(SmartThings) 애플리케이션과 ABB 홈 오토메이션 솔루션을 연결해 개인용 기기의 단일 애플리케이션에서 모든 백색 가전은 물론 가스, 연기 센서, 에너지, 보안 및 편의 시스템을 모니터링·관리할 수 있다. 예를 들어 식기세척기, 세탁기 등 가전제품을 전기 사용량이 적은 시간대에 작동하도록 능동적으로 관리할 수 있어 그리드 최적화 및 에너지 비용 절감 효과를 기대할 수 있다.

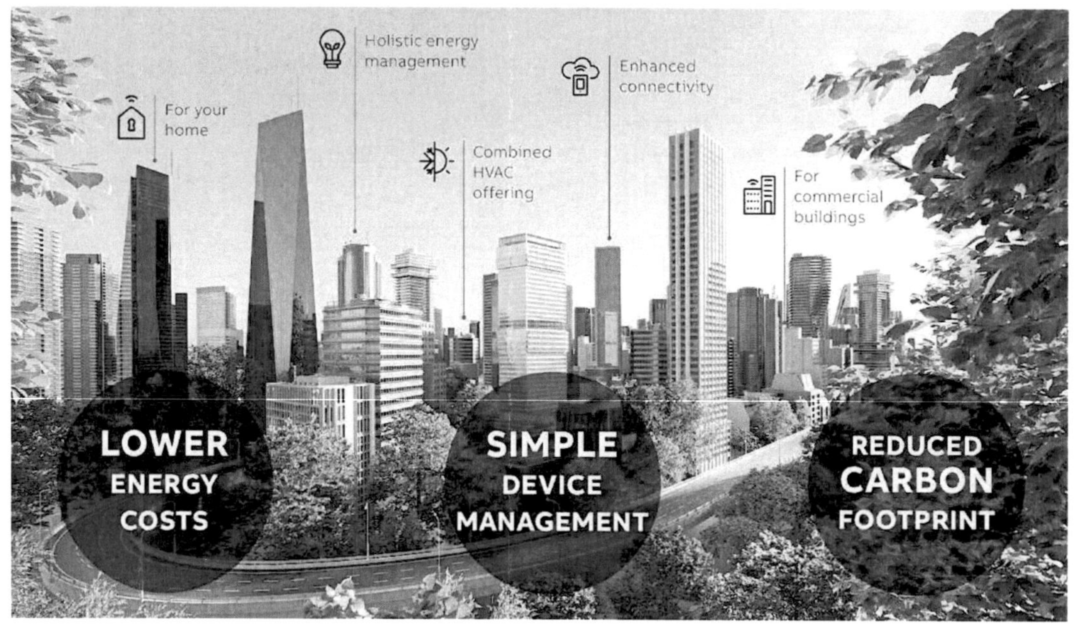

ABB 스마트 빌딩 총괄 대표 마이크 무스타파(Mike Mustapha) 사장은 "우리는 완전히 통합된 전체적인 스마트 빌딩 기술에 대한 접근성을 높여 고객이 탄소 저감, 에너지 절약 혜택을 받는 미래를 상상한다. 삼성전자 같은 주요 기술 혁신 기업과 파트너십은 ABB 비전을 지원한다"며 "건물 전체를 개방적·불가지론적(다양한 시스템 간 상호 운용할 수 있도록 일반화) 솔루션으로 연결하고, 전기차 충전기처럼 다양한 요소를 포함해 전체 에너지 소비에 대한 통찰력을 제공한다. 건축 환경의 탄소 발자국을 최소화하면서 원활하고 유용한 사용자 경험을 제공한다"고 말했다.

6) 화웨이

화웨이는 중국의 통신 장비 및 스마트폰 제조 업체이다. 이러한 화웨이가 중국의 '스마트 시티 지배'를 꿈꾸고 있다. 도시의 사람·사물·인프라 등을 연결하는 사물인터넷(IoT)부터 데이터를 전송하는 통신망, 이를 분석하는 빅데이터 기술과 스마트폰·웨어러블(착용형) 기기 등 단말기까지 모두 장악하겠다는 야심이다.

실제로 화웨이는 100여개 넘는 국가 및 지역에서 160개 이상 스마트시티를 구축하였고 '클라우드 파이프 디바이스(cloud-pipe-device)' 시너지를 겸비한 ICT 솔루션 세트를 제공하는 기업 중 하나이다.

화웨이는 MWC22에서 브라질 통신기업 TIM과 스마트시티 건설을 위한 업무협약(MOU)을 체결하기도 했다. 협약에 따라 양사는 브라질의 친환경도시 쿠리치바를 5G 스마트시티로 탈바꿈 시킬 예정이다. 이를 통해, 5G 스마트시티 모델을 구축하고 글로벌 시장에 진출할 것으로 보인다.

앞서 화웨이는 TIM과 협력해 브라질에 2G·3G·4G·5G 네트워크를 구축해왔다. 두 회사는 대량 다중 입출력(massive MIMO)과 같은 통신 기술 분야에서 협업을 가속화할 계획이다.

7) 하니웰

Honeywell

Honeywell은 나스닥에 상장된 포춘 100대 Software-industrial 기업으로 1885년 설립된 이래 우주 항공, 홈&빌딩, 자동 제어, 특수화학 등 다양한 산업분야에서 기술을 선도하고 있는 다국적 기업이다.

하니웰 빌딩테크놀로지스는 빌딩자동제어 솔루션(BMS), Air & Water 필드 디바이스, CCTV와 출입통제 등의 시큐리티 솔루션, 그리고 자동화재탐지솔루션과 전관방송 등을 보유하고 있으며, 이를 통해 빌딩, 산업시설, 스마트시티 및 공동주택을 가장 안전하고 편안하며, 효율적으로 운영할 수 있도록 지원한다.

이러한 하니웰이 최근 미국의 5개 도시 스마트시티 건설 촉진을 위해 '하니웰 스마트시티 촉진 프로그램'을 출범시켰다. '미국을 위한 엑셀러레이터'와 공동으로 이 프로그램을 시작했다. 미국 5개 도시가 스마트 시티를 전략적으로 추진하고 미래를 위해 전환할 수 있도록 도울 예정이며, 샌디에이고(캘리포니아주), 클리블랜드, 루이즈빌(켄터키주), 캔자스시티(미주리주), 워털루(아이오와주) 등 5개 도시가 대상이다.

이번 프로그램을 통해 해당 도시는 스마트시티 설립을 위한 전략을 세우는데 구체적인 사항에 대한 지원을 받게 된다. 세부 내용은 스마트시티를 세우는데 있어서 이해관계자와 어떻게 조율할 건지, 우선순위는 어떻게 정할 지, 기후변화와 같은 이슈에 주민들을 어떻게 관여시킬 지 등이다.

나. 국내 업계 현황

1) 한화테크윈

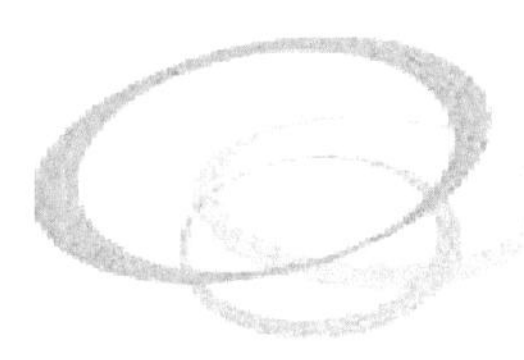

한화테크윈은 광학, 칩셋 분야 핵심 기술을 기반으로 카메라, 저장장치, 통합관리 소프트웨어를 포함한 Total Security Solution을 제공하며 1991년 보안 카메라 출시를 시작으로 약 30여 년간 영상보안 사업에 집중하여 세계 최고 수준의 광학 설계 및 영상 처리 기술을 축적해 왔다. 끊임없는 기술 개발과 시장 개척을 통해 국내 영상 보안 시장 점유율 1위를 유지하고 있으며, 글로벌 시장에서도 16,000개 이상의 네트워크를 구축, 전체 매출의 75%를 해외에서 거두며 활발한 영업·마케팅 활동을 펼치고 있다.

한화테크윈은 4차 산업혁명과 함께 딥러닝, AI, BI(Business Intelligence)등 차세대 기술을 선도함과 동시에 다양한 솔루션을 선보이고 있으며, 업계 최고 수준의 사이버 보안 기술 제공을 통해 고객에게 안심과 만족감을 제공하여 실생활에 도움이 되는 가심비가 뛰어난 글로벌 시큐리티 솔루션 기업으로 발돋움 해 나가고 있습니다.

한화테크윈이 보유하고 있는 스마트시티 구성 유형별 솔루션은 다음과 같다.[17]

보유 솔루션	기능	유형
1. 4K 기반 베스트샷 전송 및 메타데이터 생성 AI 카메라 솔루션	포렌식 검색 및 효율적인 대역폭 활용지원(실시간 베스트샷 캡처, 영상전송 대역폭 최적화)	방범, 방재
2. 스마트시티 리테일 솔루션	스마트 시티의 효율적인 매장관리용 솔루션	도시·시설물·운영 관리
3. 아파트 CCTV 솔루션	스마트 시티내의 아파트를 지능적으로 관리 가능한 아파트 CCTV 통합관리 솔루션	방범, 방재

---

17) 한화테크윈, 스마트시티 솔루션마켓

솔루션	설명	분야
4. 차량 모니터링 시스템	차량내 정보를 효율적으로 관리하는 솔루션	교통
5. 움직이는 차량용 지능형 무선 영상분석 시스템	대중교통의 안전을 위한 솔루션으로 실시간 차량위치 파악은 물론, 내부 사고에도 신속 대응이 가능함(무선 영상전송 기능을 통해 야간에 주차장에서 대량백업, 도로나 철도의 모든 정거장에서 자동 무선 백업, GPS 위치로 녹화 영상 검색, RAID(옵션), 핫 스왑 스토리지 등 백업서버를 이용하여 중복 데이터 저장)	교통
6. 차량 4면 스크레치 감지 시스템	주차장에 입차하는 차량의 4면을 촬영하여 출구 정산시 발생한 주차장내 사고에 대해 과실유무를 근거자료를 제공하는 솔루션	교통,도시·시설물·운영 관리,행정
7. 열화상 영상 시스템	다수의 온도감시 영역을 지정하여 영역별 평균, 최대, 최저 온도를 실시간 표시 및 알림 통보하여 즉각적인 대응을 할 수 있게 하며 물체의 정확한 온도 측정을 통해 화재의 조기 발생차단 등 이상 징후 발생시 사전 예방이 가능한 솔루션	교통,방범·방재,환경·에너지·수자원
8. 쓰레기 무단투기 계도 솔루션	주택가 쓰레기 집합장소에 설치해서 생활 쓰레기 배출 계도(쓰레기 투기 지역에 사람이 들어가면 계도 방송이 나옴)	환경·에너지·수자원
9. 출입통제 시스템	건물의 출입 통제 관리에 최적화된 지능형 출입관리 시스템	도시·시설물·운영 관리,방범·방재
10. 자주식 차량 번호 식별 솔루션	차량 번호판을 인식하는 Camera, Software 시스템(동영상저장 + 번호인식 + 차단기 제어)	도시·시설물·운영 관리,방범·방재

최근 한화테크윈은 2MP AI 카메라 4종을 출시했으며 와이즈넷(Wisenet) P 시리즈 AI 카메라 4종(PNB-A6001/PNO-A6081R /PND-A6081RV/PNV-A6081R)은 2MP 화질의 생생한 영상으로 모니터링이 가능하다.

특히, 이번 2MP AI 카메라를 출시하며, 한화테크윈은 AI 알고리즘을 통해 카메라의 화질을 더욱 향상시켰다. AI 기반 노이즈 저감 기술인 WiseNRII 및 프리퍼 셔터 (Prefer shutter) 제어를 통해 영상 내 객체 유무, 움직임에 따라 노이즈와 끌림을 최적화해 항상 선명한 영상 화질을 유지할 수 있으며, 이를 통해 최상의 베스트샷 캡처도 가능하다. 또한, 객체 기반의 영상 압축 기술인 3세대 자체 영상 압축 기술 WiseStreamIII를 통해 더욱 효율적인 영상 압축도 지원한다.

시장에서 AI 솔루션에 대한 관심이 나날이 커지고 있는 만큼 한화테크윈은 AI 솔루션을 통해 더욱 스마트한 영상 보안 솔루션을 고객들이 경험할 수 있도록 지속적으로 AI 기능을 고도화하고 라인업을 확장해 나갈 것으로 보인다.

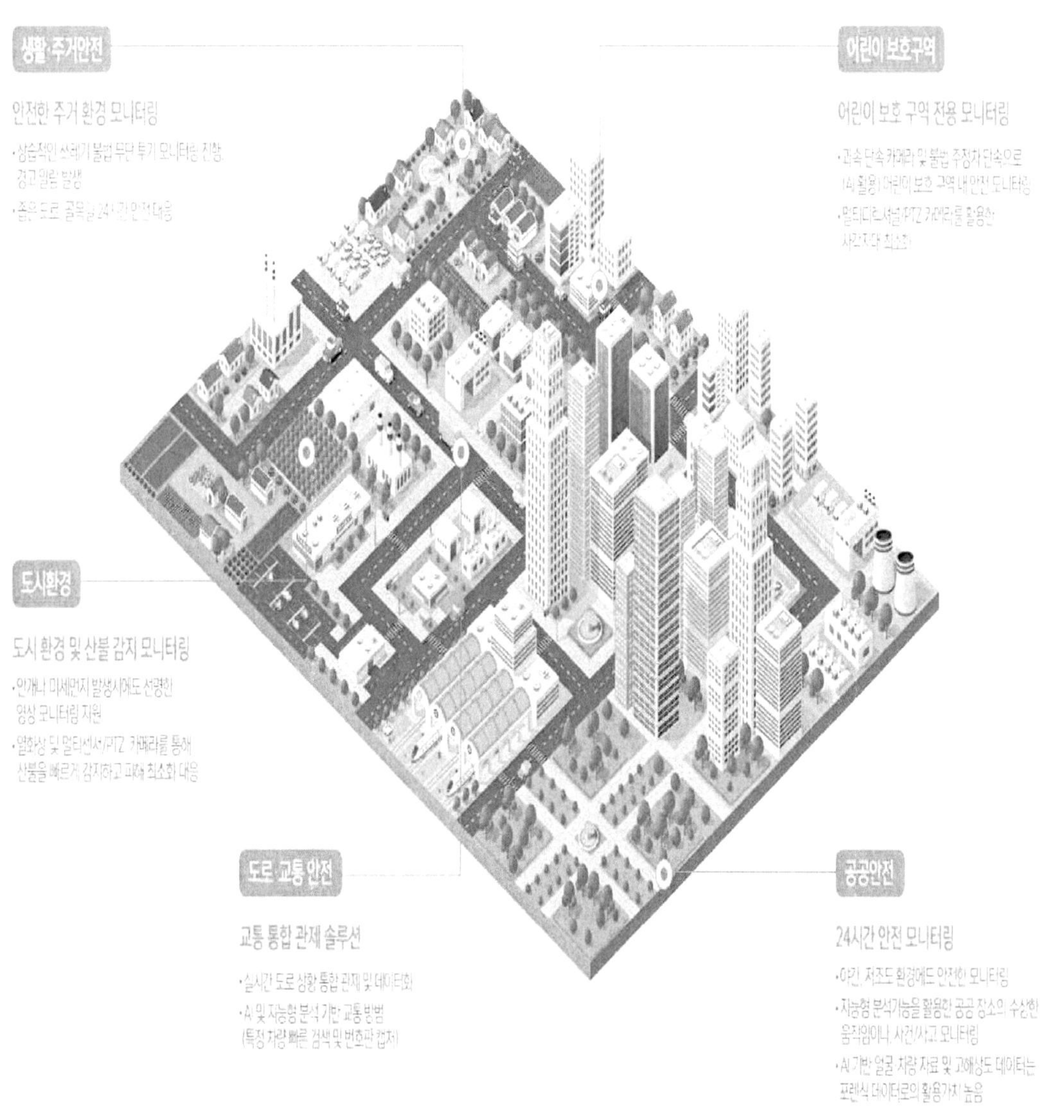

그림 77 한화테크윈이 제공하는 위치별 솔루션/ 한화테크윈

2) ㈜정도유아이티

2002년 설립된 (주)정도UIT는 차세대 공간정보기술 및 시스템통합사업(SI)과 도시계획 엔지니어링사업 및 스마트시티 컨설팅사업 등 지식기반사업을 복합적으로 영위 하는 기업이며 GIS기반의 도시계획정보화, 토지 및 부동산 정보관리, 토지적성평가, 공원/녹지관리, 도시계획, 스마트그린시티, 시스템개발, GIS DB 구축, GIS 컨설팅 등의 사업영역을 갖고 있다.

도시를 체계적이고 효율적으로 계획, 개발, 운영을 지원하기 위해 GIS 소프트웨어 기반으로 데이터 가공, 분석, 시각화 등 다양한 공간정보솔루션과 서비스를 제공하고 있습니다. 또한 국산 GIS 소프트웨어를 기반으로 국내 최초로 베트남에 수출(베트남 토지정보시스템 구축사업)하는 등 공간정보와 스마트시티 분야 시장에도 진출하였다.

특히 2009년 국내 최초로 '시흥시 유비쿼터스도시계획' 수립을 시작으로 '서울시 스마트(유비쿼터스)도시계획' 등 많은 지자체의 스마트시티 조성을 위한 컨설팅(기본계획 수립)과, 도시재생사업에서도 스마트시티형 도시재생사업을 위한 당사의 노하우와 경험을 제공하고 있고 최근에는 지자체의 스마트시티 챌린지사업 선정을 위한 기획연구에서 선정 후 마스터플랜 수립에 이르기까지 폭넓은 분야에서 컨설팅 서비스를 제공하고 있다.

최근 정도유아이티는 과천시 스마트 도시계획에 참여중이며 이번년도 상반기에 열린 과천시 스마트도시 계획 수립 용역 1차 중간 보고회에서 정도유아이티의 박 이사는 보고회에서 과천시 스마트도시 비전, 스마트도시서비스 모델 정립 등 추진전략을 제시했고 의견을 공유했다.

이 외에도 안양대학교가 한국국제협력단(KOICA)이 추진하는 베트남 꽝남성 땀끼시 스마트시티 구축 지원사업 수행기관으로 선정되며 이 사업의 총괄 책임을 맡은 정도유아이티는 국토연구원 그리고 이에스이㈜와 오는 2025년까지 단위사업별 업무를 수행하며, 꽝남성 스마트광역권 전략계획의 수립과 초청연수 및 현지교육 등 역량 강화 프로그램을 진행할 예정이다.

정도유아이티가 보유하고 있는 스마트시티 구성 유형별 솔루션은 다음과 같다.[18]

보유 솔루션	기능	유형
1. 스마트시티 데이터 플랫폼	정형데이터와 비정형데이터를 수집, 저장, 가공, 분석하여 정책의사결정과 대민서비스를 지원하는 시스템(데이터 처리를 통한 시각화, API 제공)	행정
2. 스마트 도시재생 플랫폼	도시재생을 위한 데이터 구축 및 분석, 도시재생 사업관리, 주민소통을 위한 온라인 리빙랩을 포함한 시스템	도시·시설물·운영관리
3. 맵스튜디오 (MapStudio)	- 소규모 지도포털에서 클라우드 GIS플랫폼까지 폭넓게 지원 가능한 공간정보 포털 - 사용자가 가지고 있는 위치정보와 속성정보를 지도 위 공간정보로 만들고 시각화하며, 다른 사용자와 손쉽게 공유하여 활용 가능한 WEBGIS 서비스 구축 가능	도시·시설물·운영관리
4. GeoNURIS SDK(SW)	GIS엔진 라이브러리 공간분석 알고리즘, 공간/비공간 데이터 포맷, 지도스타일 정의 등 다양한 고급기능을 수행하는 GIS 응용프로그램 개발	도시·시설물·운영관리
5. 공원녹지관리시스템	지자체 공원, 녹지 및 관련 시설물의 조성과 유지를 위한 통합 정보관리 시스템	도시·시설물·운영관리
6. 기초조사정보체계	각종 도시행정 관련 통계데이터, 샌싱 데이터를 공간정보기반으로 수집, 분석, 시각화하여 정책 의사결정지원과 대시민 서비스를 지원하는 플랫폼	기타,도시·시설물·운영관리,행정

---

18) 스마트시티 솔루션마켓

3) ㈜케이티

KT는 1981년 한국전기통신공사(한국통신)로 창립 후, 2002년 민영화 기업 KT로 공식 출범하였다. 2009년 이동통신 자회사 KTF와 합병하여 유무선 통신 서비스 조직을 통합하고 유선전화, 무선전화, 초고속 인터넷 등 통신서비스를 제공해왔다.

그룹의 비금융 부문은 KT를 중심으로 유선통신, 무선통신, 미디어/콘텐츠 사업을 영위하고 있으며, 금융부문은 신용카드업을 영위하고 있다. 그룹의 주력 회사는 KT, KT스카이라이프, 비씨카드 등이나, KT가 그룹의 모회사로서 그룹 합산 총자산 및 매출, EBITDA의 90%이상을 차지하고 있어 그룹 전반에 KT가 미치는 영향력은 절대적인 수준이다.

2012년 LTE 전국망 구축을 완료하고 VoLTE 상용서비스를 개시하였으며 2014년에는 5대 미래 융합서비스를 설정하고 통신사업 경쟁력 강화와 KT-MEG등 통신융합사업, K뱅크 참여를 통해 새로운 시장을 찾는 노력을 병행해왔다.

최근 KT는 핵심사업에 인공지능(AI)서비스 '기가 지니'(GIGA Genie)를 연계해 수익개선과 5G 상용화에 박차를 가하고 있다. 2018년 평창 동계올림픽 주관 통신사로 평창 올림픽에 맞춰 5G 시범 서비스를 선보이며, 이를 기반으로 2019년 5G를 상용화할 계획이다. 2017년 5G FWA망을 상용화할 계획인 미국 버라이즌과 5G RAT 공동규격을 작성하였고, 5G 표준화를 위한 다양한 글로벌 협력을 추진하고 있다.

또한, 미래 신성장동력 5대 플랫폼사업을 선정해 통신사업과 시너지를 내기 위해 노력하고 있으며 국내최고의 스마트시티 구축경험, 개방형 관제플랫폼 역량 및 기술 선도적인 빅데이터/IoT 서비스역량을 보유한 종합 스마트시티 사업자로 손꼽힌다.

최근 KT는 구리시와 'AI 및 데이터 기반 스마트 행정 활성화 방안' 공동연구 업무협약을 체결했다. 이번 공동연구 업무협약은 구리시와 KT의 상호 신뢰 협력 기반하에

KT의 컨설팅 전문역량과 ICT 기술 경험을 바탕으로 시정 각 분야의 현안 해결을 위하여 제공되는 컨설팅(공동연구)이다.

이번 컨설팅을 통하여 그린뉴딜 틀 속에서 생산·유통·소비가 다(多)되는 스마트시티 구축을 목표로 한강변도시개발사업, E-커머스 물류사업 등 빅프로젝트와 함께, 데이터 기반의 시민체감 행정을 위한 추진전략과 실행과제 도출을 위하여 협업할 계획이다.[19]

케이티가 보유하고 있는 스마트시티 구성 유형별 솔루션은 다음과 같다.[20]

보유 솔루션	기능	유형
1. 세이프메이트 범죄예방 솔루션	- 이상음원(여성비명) 감지 AI기술(실내 이상음원 국내 최다 학습된 인공지능기술 적용) 저전력 고품질의 소물인터넷 통신방식 적용 (LTE-M) - 국내 최초 VoLTE기반 고품질의 통화기능 제공	방범·방재
2. 사회적약자를 위한 114 안부확인 복지 서비스	- 유무선 전화 및 이동통신사 무관한 서비스 제공(특정 통신사 전용 서비스에서 탈피한 범용 서비스 제공) - 보이스 피싱 자동 알림 기능 제공 - 전화 수발신 이력으로만 대상자 일일 안부 확인 가능 - 국토교통부 5대 연계 서비스 연동 가능	도시·시설물·운영관리,보건·의료·복지,행정
3.기가에너지매니저	KT가 개발하여 보유한 AI 분석엔진인 'e-브레인'을 탑재, 에너지 관제뿐만 아니라 진단-예측-최적제어가 가능, 생산-소비-거래 전 분야 통합 솔루션을 제공할 수 있는 KT-MEG 구축에 활용되는 에너지관리서비스 제공	환경·에너지·수자원
4. 기가 이엠오	지능형 빌딩 에너지 관리 및 최적 자동운영 솔루션	환경·에너지·수자원

---

19) 구리시-㈜케이티, E-커머스 물류사업 등 빅프로젝트 공동연구 '맞손'/ 머니s
20) 스마트시티 솔루션마켓

5. KT 스마트워터 그리드 플랫폼	상수도 스마트미터링(원격검침시스템)을 구축하고, 이를 통해 수집한 Cloud 기반 AI 플랫폼에서 분석하여 공공서비스 제공(유지보수정보, 독거노인 안전정보 등)	도시·시설물·운영관리
6. 세이프메이트 화재예방 솔루션	IoT기반 다중 화원감지센서(불꽃. 연기. 온도)를 통한 화재조기대응 및 대형화재예방 솔루션	방범·방재
7. KT 스마트시티 통합플랫폼	KT가 개발하여 보유한 스마트시티 구축에 활용되는 통합관제 플랫폼으로 '18년 9월에 TTA인증 취득	도시·시설물·운영관리

4) 렉스젠(주)

Rex Gen 렉스젠(주)

스마트 교통관제 전문기업인 렉스젠은 2002년 회사 설립부터 지능형 영상처리 시스템 관련 기술 개발에 나섰다. 이 기술은 차량의 통행량이나 차량종류, 대기열, 속도, 역주행, 사고 발생 등의 교통 정보를 수집해 교통 물류 비용 절감 등에 도움을 준다.

렉스젠은 인공지능 영상처리 시스템, 스마트시티· 스마트교통 시스템 개발 및 구축을 주요 사업으로 하며 교통, 국방, 안전, 보건, 환경 등 사회 각 분야에서 생성되는 영상 데이터를딥-러닝(Deep Learning)기술을 활용하여 영상의 새로운 가치를 만들어 나가며, 영상처리 기술과 사물 인터넷(IOT), 정보통신기술(ICT)기술을 활용하여 빅데이터를 분석·처리하여, 새로운 사회 문제를 예방하고, 해결하는 노력을 하고 있다.

이 회사의 조달우수제품은 △딥러닝을 이용한 다중객체 검출 및 추적기반 스마트 교통관제 시스템 △지능형 불법 주·정차 단속시스템 △지능형 차량번호 판독시스템 등이 있다. 특히 스마트 교통시스템은 딥러닝 영상 분석으로 통행량을 산출해내고 차종 분류, 보행자 카운팅, 기후 및 주변환경의 교통정보를 분석해준다.

렉스젠은 이러한 기술력을 인정받아 호주, 이탈리아, 스페인 등의 경쟁업체를 제치고 마닐라 등 필리핀 주요 도시에 3년간 20억원 규모의 각종 교통시스템을 수출하고 있다.

2020년 한국도로공사는 기존 도로교통관리시스템에 AI 기술을 도입하기로 하고 렉스젠의 AI 교통시스템(스마트 CCTV)을 구축 중이다. 스마트 CCTV는 하루 수십만 대 이상 차량이 다니는 국도에 차량의 속도와 차종, 정체, 역주행 등을 스스로 탐지한다. 도로에 특이사항이 발생하면 3~15초 사이에 경보를 울려 사고 해결을 돕는다. 도로공사는 1단계로 스마트 CCTV 600대에 렉스젠이 개발한 스마트 CCTV 알고리즘을 구축해 도로의 교통정보를 보다 세밀하게 분석할 계획이다.

렉스젠이 보유하고 있는 스마트시티 구성 유형별 솔루션은 다음과 같다.21)

보유 솔루션	기능	유형
1. 스마트 보행시스템	횡단보도에서 보행자 및 이동체를 인식하여 보행신호에 따라 음성안내를 지원하며, 차량 운전자에게는 보행자 유/무를 시각적으로 표출하여 보행안전 확보	교통
2. 스마트 교차로시스템	주요교차로에 카메라를 설치하고 수집되는 영상을 이용, 다양한 차로별 교통정보(교통량, 차종구분, 점유율 등)를 수집하고 교차로간 구간속도정보 생성 및 최적의 신호주기 산출 가능	교통
3. 스마트교통관제시스템	딥 러닝 영상 분석으로 교통정보(교통량, 차량종류, 속도)를 생성하고, 최적의 교통흐름을 위한 교통체계 수립과 신호주기를 결정할 수 있는 AI기반의 교통관제 시스템	교통
4. 안전벨트 검출시스템	자동차 검출 및 전면유리의 위치를 판독하여 딥러닝 알고리즘을 이용한 안전띠 착용유무를 검출하는 시스템 -계층적 딥 러닝 & 영상개선 알고리즘을 통해 운전자 및 동행자의 안전벨트 착용유무 판단하며, 운전석 검출 알고리즘 을 이용한 선택적 모자이크 지원	교통
5. 스마트 무인교통 단속시스템	도로상의 과속, 신호위반 차량에 대해 주, 야 24시간 감시·검지/단속하는 교통단속시스템.위반차량 영상과 자동 인식된 차량 번호 등 위반정보를 센터로 제공	교통
6. 반사체 검출시스템	차량번호가 미 인식된 차량 중 가장 높은 발생빈도를 나타내는 불법 부착물(반사스티커, 발광물질 등) 사용에 따른 위변조 차량번호판을 검출	교통
7. 스마트 감응시스템	신호교차로에서 영상을 통한 교통량 정보를 기반으로 좌회전 및 신호시간 최적화하여 대기시간 최소화 및 교차로 신호운영 최적화 구현	교통

---

21) 스마트시티 솔루션마켓

5) ㈜플럭시티

플럭시티는 디지털트윈 기반 스마트시티 융합 서비스 전문기업으로, 도시/건물 3차원 가상화 모델링 기술과 3차원 지도 기반 통합관제 기술, 그리고 각종 시뮬레이션 등 Digital Twin의 근원이 되는 원천기술들을 보유하고 있는 기업이며, 그 기술을 서울시, 부산시, 인천공항 등 국내외 메이저 사이트에 공급을 하고 있다.

특히 최근 3년간은 부산시 글로벌 스마트시티 사업을 진행하며 부산시 전역을 3차원 가상화 하여 교통/보안/환경/에너지 등 도시 각 요소들을 통합 관제하는 시스템을 구축했으며, 부산에코델타시티 프로젝트에 참여하여 가상도시 플랫폼의 마스터플랜 설계용역을 수행한 바 있다.

서울시에는 5년간 3차원 가상화 기반 실내지도서비스를 공급해왔고, 4개년도로 Virtual Seoul 플랫폼을 구축을 하고 있으며, 서울교통공사/부산교통공사 두곳에 지하철역사들도 3D가상화 및 보안/공조/에너지 요소들을 통합하여 스마트 스테이션으로 진화시키는 사업을 수행 중에 있다.

플럭시티의 스마트시티 기술은 국토부가 2년 연속 장관상을 수여할 정도로 기술력을 인정받고 있으며, 2019년 국토부 주관하여 출범한 스마트시티 융합 얼라이언스에 선정되어 국내외 대규모 스마트시티 사업에 참여하고 있다.

최근 플럭시티는 과학기술정보통신부가 20일 세종시 르흐봇 대회의실에서 개최한다고 밝힌 '5G기반 디지털트윈 공공선도 사업 착수보고회'에 참석하게 되었다.

디지털트윈은 한국판 뉴딜 10대 대표과제 중 하나로, 현실의 실제 사물을 가상세계에 쌍둥이와 같이 동일하게 구현하고 이를 실시간 제어와 사고 예방 등에 활용하는 기술인데 과기정통부는 올해 이 사업에 전년(99억원) 대비 약 25% 증액한 125억 원을 투입해 디지털트윈 산업 발전과 서비스 확산을 선도할 계획이다.

플럭시티가 보유하고 있는 스마트시티 구성 유형별 솔루션은 다음과 같다.[22]

보유 솔루션	기능	유형
1. 플러그 시티	디지털트윈 기반 통합 도시 운영 솔루션 - 국토부 3D지도/ 공공데이터 연계 통합 모니터링 - 도시 에너지 모니터링 - CCTV 지능형 모니터링 - 사회적약자 모니터링 - 도시 시설물 관리 - 도시지도 관리	도시·시설물·운영 관리
2. 플러그 스테이션	디지털트윈 기반 지하철/철도 관제 솔루션 - 전체/구역별 역사 3D 모델링 및 가시화 - 역사 내 이상 상황 발생 시 이벤트 알림 팝업 및 지도 내 해당 위치 표시, 인접 CCTV영상 자동 표출 - PSD, CCTV, 출입관리, 셔터, 침입탐지, SOS, 소방시설 등에 대한 상태 및 제어 관리 - 열차 운행 정보(진입/정차/출발) 가시화 - 운영자가 설정한 경로에 대한 가상순찰 - 비상 시 대피경로, SOP 통합 안내	도시·시설물·운영 관리
3. 플러그 키오스크	디지털트윈 기반 키오스크 솔루션 - 목적 별 3D 기반 길 안내 - 공간 내 상가 정보 안내 - 관리자에 의한 공간 및 시설물 정보 관리(등록,편집,삭제,조회) - 상업시설 및 실시간 이벤트 정보 제공 - 웹 표준 근거 멀티 브라우징 지원	도시·시설물·운영 관리
4. 플러그 시큐리티	디지털트윈 기반 융합보안 관제 솔루션 - 3D GIS 관리(실내·외 3D지도) - 보안장비(CCTV, 출입통제, 감지센서, 보안장비) 통합 모니터링 - 보안구역 3D 자동순찰 - CCTV, 센서 최적 배치 시뮬레이션 - CCTV PTZ, Playback, 매트릭스 뷰 제공	도시·시설물·운영 관리

---

22) 스마트시티 솔루션마켓

	- 통합 보안 이벤트 3D 알람	
5. 플러그 에어포트	디지털트윈 기반 공항 서비스 플랫폼 - 통합경비보안 - 에너지 통합 관리 - 인공지능 기반 스마트 유지보수 - 태블릿PC/스마트폰 이동형 관리 - 3D기반 공항 종합 정보 안내 키오스크/모바일 서비스 - 다양한 시뮬레이션 기능 제공	도시·시설물·운영 관리
6. 플러그 팩토리	디지털트윈 기반 스마트팩토리 관제 솔루션 - 공장 및 공장 내 설비/장비 3D 모델링 및 가시화 - 공장 또는 설비에 이상 상황 발생 시 이벤트 알림 팝업 및 지도 위 해당 위치 표시 - 설비, 안전/화재, 출입 등에 대한 상태 모니터링 - 공장 설비에 대한 배치 정보 관리(신규배치, 이동, 편집, 삭제 등) 및 가시화 - 보안 구역 혹은 직접 순찰이 어려운 구역에 대한 3D가상순찰 - 비상 시 대피경로, SOP 통합 안내	도시·시설물·운영 관리
7. 플러그 데이터	디지털트윈 기반 데이터센터 관제 솔루션 - 네트워크 트래픽 감시 - 서브/네트워크 장비 제어요소(온/습도, 전원인입, 분전반, 장비하중 등) 모니터링 - 장애/이벤트 발생 알림, 관리자 통보 - 서버/네트워크 장비 이력관리(장비설정일, 모델명, 시스템 사양, 백업장비, 코어점유율, 장비체적, 발열량 등) - 서버실 실시간 모니터링(출입/보안 접속 관리)	도시·시설물·운영 관리

6) ㈜브이앤지

브이앤지는 오픈소스 기반의 공간정보 플랫폼과 모바일, 드론, AR/VR, 3D 기술을 통합한 스마트 통합공간정보플랫폼과 같은 스마트공간정보플랫폼(GT Map) 기술을 보유한 기업이다. 공간정보 기술 기반의 지자체 및 공공기관의 업무를 지원하거나 공간정보를 기반으로 시민의 생활지리정보시스템을 구현하고 있다.

스마트공간정보플랫폼(GT Map)의 경우 전국 40여개 지자체에 구축돼 2018년, 2019년, 2020년 공간정보시스템 구축 점유율 1위를 달성했으며 경기도 내 지자체 공간정보시스템 점유율 1위(58%)이다.

또한 드론, 모바일, AR/VR, 3D 4차산업혁명 기술과 연계된 확장 솔루션을 제공하고 업무지도, 공간분석, 웹 편집 등 다양한 확장 기능 제공한다.

공간정보기반 업무지원시스템이란 여러 지자체 업무 경험을 바탕으로 공간정보 기반 행정업무 지원하는 시스템을 구축하는 것인데, 인허가, 국공유지관리, 세정 업무, 급수공사 업무 등 지자체 여러 행정업무와 공간정보를 연계한 솔루션을 제안한다. 한국전력, 한국지역난방공사에는 시설물 관리 및 재난관리 솔루션을 도출했다.

에스지에이강원은 서버보안, 엔드포인트보안, 통합보안관제, 스마트시티, 공공, 교육, SI, NI사업을 비롯하여 Total보안 솔루션 및 컨텐츠 사업을 전개하는 기업이다.

대표적으로는 딥러닝 기반 기술을 활용한 CCTV 지능형선별관제 시스템 기술을 보유하고 있다. 외에도 인공지능 기반의 선제적 범죄 예측 기능, 기존의 CCTV 보안관제센터 및 스마트시티 통합플랫폼에 재난•안전 영역의 기능, Break-through 기술적용을 통한 지능화된 영상 분석 정보 및 범죄 예방 기술, 범죄 억제를 통한 대내외적 국가신인도 개선에 힘쓰며 범죄 예방 기술 적용을 통한 사회 안전망을 강화하고 있고, 경찰행정 및 법 집행 프로세스의 효율화, 기술화를 수행하고 있다.

실적으로는 대전광역시 스마트시티 구축, 속초시의 CCTV 통합관제센터, 양양군의 스마트서비스 개발, 창원시의 스마트도시계획 수립(스마트시티 통합플랫폼, 스마트시티 챌린지 프로젝트), 판교제로시티 자율주행실증단지 구축 사례가 있다.

5

—

스마트시티(Smart City) 기술

5. 스마트시티(Smart City) 기술

가. 국외 현황

스마트시티를 구현하는데 필요한 기술들은 아직 완성 및 상용화되지 않은 미래기술들을 비롯하여 현재 활발하게 사용되는 기술들을 포함한다. 미완성된 미래 기술로는 현 시점에서 부분적으로 테스트되고 일부 실증되고 있는 자율주행, 5G 네트워크 등이 있으며 현재 기술로는 드론, CCTV 및 IoT 기반으로 제공되고 있는 서비스 등이 있다.

이러한 기술들의 첫 번째 특징은 사용자 지향적인 기술의 활용에 초점을 두고 있다는 것이다. 과거 U-City 시절에 미래 기술로 머물렀던 IoT 환경은 만물 간의 통신을 가능하게 하였고 이러한 상호간의 연결성은 U-City의 한계점으로 지목받던 사용자 체감형 서비스의 완성으로 이어졌다. 가령 도심 곳곳에 설치된 공기질 측정 센서들은 실시간으로 미세먼지의 상태를 수집하여 통합관제센터로 송출하고 이 정보들을 빅데이터와 AI적인 기법들을 활용하여 일자별, 지역별 미세먼지 현황 정보와 예측 정보들을 시민들에게 제공함으로써 시민들은 내가 머무르고 있는 동네의 공기질이 좋지 않을 때는 외출을 자제하는 식의 체감형 서비스를 이용할 수 있게 되었다.

기술 동향의 두 번째 특징은 데이터 주도적(data driven) 플랫폼 중심의 서비스 구현과 운영을 지향한다는 것이다. 데이터 주도적이란 것은 데이터를 스마트시티의 관리와 운영에 적극 활용하여 도시의 부가가치를 높이려는 시도이다. 이를 위해 스마트시티에서 생성되는 데이터들을 취합하고 실시간으로 분석하여 데이터가 필요한 도시 내 거주민, 현장 시설물 및 각종 센서 들에게 맞춤형 제공을 추진하고 있다. 아울러 기존의 도시통합플랫폼의 데이터 활용에 대한 기능을 강조하는 데이터 허브(data-hub)라고 하는 일종의 도화된 플랫폼을 개발하여 중장기적으로 스마트시티에서 생성되는 데이터들을 효율적으로 관리하고자 한다.

기술 동향의 세 번째 특징은 바로 디지털 트윈(Digital Twin) 시티를 지향하고 있다는 것이다. 본래 디지털 트윈은 미국 GE(General Electric)가 주창한 개념으로 현실 속의 물체에 대한 가상세계의 쌍둥이를 만들어 발생 가능한 상황을 컴퓨터로 시뮬레이션하고 예측하려는 기술이었다. 그러나 몇 년 전부터 스마트시티의 재조명과 디지털 트윈이 맞물려서 도시 공간 전체를 디지털 트윈으로 가상도시화하여 도시 구현에 필요한 막대한 비용에 대한 리스크 감소를 위한 사전 시뮬레이션을 하려고 하고 있다. 아울러 도시 구현을 위한 마스터플랜 및 설계 단계에서부터 도시의 거주민들을 대상으로 피드백을 받아 이용자들이 원하는 도시의 형상과 기능을 반영하여 시뮬레이션하고 또 운영단계에서는 가상도시와 실제 도시를 동기화하여 비용 효율적인 도시 관리를 지향하고 있다.

그림 84 스마트시티의 디지털트윈 활용 예시

스마트시티는 다양한 첨단 ICT 기술이 도시 인프라에 결합된 공간으로, McKinsey는 사물 간 원활한 통신을 스마트시티 구현의 필수 조건으로 보고 있다. 도시 곳곳에 위치한 다양한 사물들로부터 수집된 대용량의 데이터가 빠른 속도로 전달되어야 실시간 분석이 가능한 것이다.

이렇듯 스마트시티가 널리 보급되기 위해서는 통신 기술의 확보가 선결조건이지만, 현재의 통신 기술은 파편화되어 다양한 디바이스를 동시에 지원하기 어렵다. 2010년 초중반에 IoT에 관한 관심이 높아지면서 다양한 IoT 전용망 기술(Sigfox, LoRa, NB-IoT 등)이 개발되었다. 하지만 IoT 전용망이 표준화되지 못하고 파편화되면서 각 망별로 전용 하드웨어 기기, 서비스 등이 운영되는 바람에 시장 주도권을 장악하는 전용망 기술이 나오지 못했다. IoT 전용망 이외에도 WiFi, 근거리통신(ZigBee, 블루투스 등), 셀룰러 이동통신 등 다양한 통신기술이 혼재되어, 스마트시티 기반이 되는 네트워크 구축부터 쉽지 않았다.

그림 85 5G 상용, 파편화된 통신망

국내외에서 5세대 이동통신기술인 5G 상용화가 시작되었으며 5G는 무선상에서도 유선과 차이가 없는 빠른 속도를 제공하면서, 동시에 저전력성 기기들이 다수 접속하는 환경에서도 안정성이 보장되는 IoT 통신 환경을 구현할 수 있는 이동통신 기술 방식이다.

5G와 기존 통신 기술간 차이점 3가지는 ①초고속(Enhanced Mobile Broadband), ②초연결(Massive Machine Type Communication), ③초저지연(Ultra-Reliable and Low Latency Communication)이다. 특히, 5G의 네트워크 슬라이싱 기술*로 인해 모바일과 IoT를 하나의 망에서 구현 가능하여, 단기적으로는 스마트홈 등 근거리 IoT가 실현될 것이고, 장기적으로는 스마트시티, 스마트국가 등 장거리 IoT 구현에도 5G가 큰 역할을 할 것이다.

매년 미국 라스베이거스에서 열리는 세계 최대 규모의 가전 박람회인 CES55에서는 2018년부터 스마트시티를 주제로 하는 별도의 전시관을 마련하고 있다. CES의 주관사인 CTA6에서 매년 CES 직전에 발간하는 '5 Technologies Trend to Watch' 2018년 판에서는 주목해야 할 첫 번째 기술로 '스마트시티를 가능하게 하는 5G'를 선정한 바 있으며 스마트시티가 구체화되기 위해서는 5G의 보급이 선결조건임을 알 수 있다.

CES 2019 스마트시티 전시관에서는 T-Mobile, AT&T, Verizon 등 주요 이동통신사들이 다양한 스마트시티 시나리오를 선보였다. 미국의 AT&T는 라스베이거스시 당국 및 스마트조명업체인 Ubicquia와 파트너십을 맺고 스마트라이팅 서비스(실시간 가로등 유지보수, 정전 모니터링, 에너지 사용량 모니터링 등)를 진행했으며 시카고에 위치한 Rush University와 협약을 맺고 5G 기반 스마트헬스 솔루션을 시범 서비스 한다.

미국의 T-Mobile 역시 CES에서 5G를 이용한 재해 경보 시스템 시뮬레이션을 전시하였으며, 공공 안전 외에도 교통, 환경 모니터링, 에너지 보호 등 다양한 스마트시티 영역에서 5G 기반 서비스를 출시했다.

1. 미국 Dallas 스마트시티 프로젝트

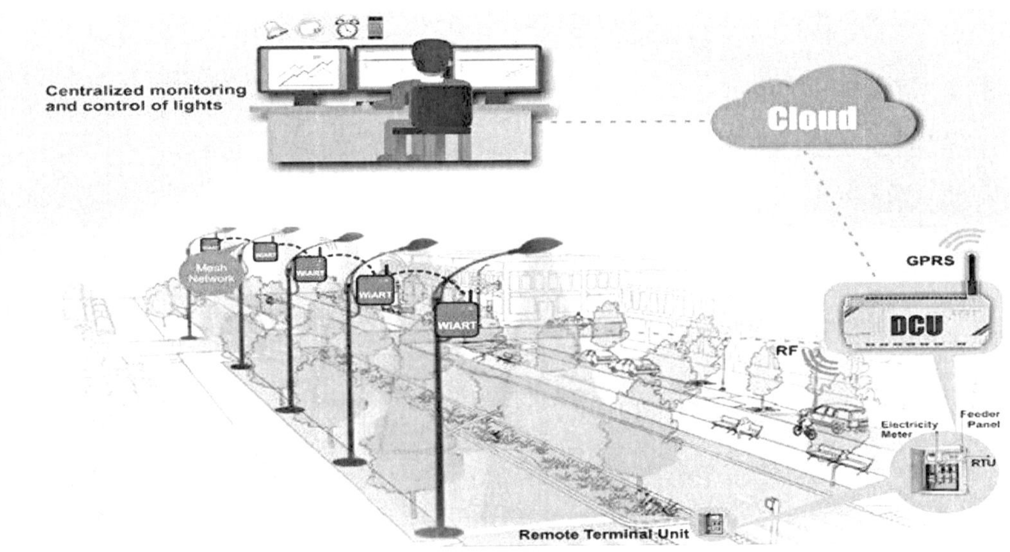

그림 86 달라스 스마트 LED 가로등 기술

2015년 달라스시 정부는 31개 파트너사와 함께 Dallas Innovation Aliance(DIA) 라는 명칭의 정부민간 합작을 출범했으며 DIA에는 달라스시 정부, 사기업, 시민 및 NGO 단체 등이, 그리고 파트너로는 AT&T, 시스코, 에릭슨, 도요타 등이 소속돼 있다. 2018년에는 스마트 워터관리, 공공 WIFI, 스마트주차, 이동성 연구 등 프로젝트를 발표했으며 Dallas시가 상용한 기술은 다음 표에서 확인할 수 있다.

표 18 Dallas 시티 프로젝트 상용 기술

1. 달라스 오픈데이터	개방형 데이터 플랫폼인 달라스 오픈데이터를 통해 일반 시민들은 시 당국이 발표한 데이터와 정보에 접근 가능하며, 시민과 정부 사이의 쌍방향 커뮤니케이션이 가능해 졌다. 이 오픈데이터는 예산과 재정, 도시 인프라, 도시 서비스, 경제 개발, 지리, 정부, 공공 안전의 총 7개 범주에 걸쳐 100개 이상의 데이터 세트를 보유하고 있다.
2. 인터랙티브 디지털 키오스크	대중교통의 경로와 스케줄과 같은 정보를 제공하는 인터랙티브 도시지도를 55인치 터치스크린 형식으로 제공한다.
3. 교통관리 시스템	교통관리 시스템을 통해 센서와 카메라

	에서 실시간 데이터를 입수해 분석 가능하며 이에 기반한 정보를 토대로 교통 신호등과 메시지 게시판을 통해 교통 상황을 관리 및 제어가 가능하다.
4. 스마트 LED 가로등 시스템	실시간 데이터를 수집하는 센서를 가로등 시스템과 연결해 에너지 절감, 범죄율 감소 효과를 얻을 수 있고 수리 및 유지 보수 작업이 필요한 경우 알림 및 원격 지원을 제공한다.
5. 환경센서	온도, 습도, 대기압, 미세먼지 등의 측정을 가능하게 하는 센서.

2. 미국 Austin의 cityUP 컨소시엄

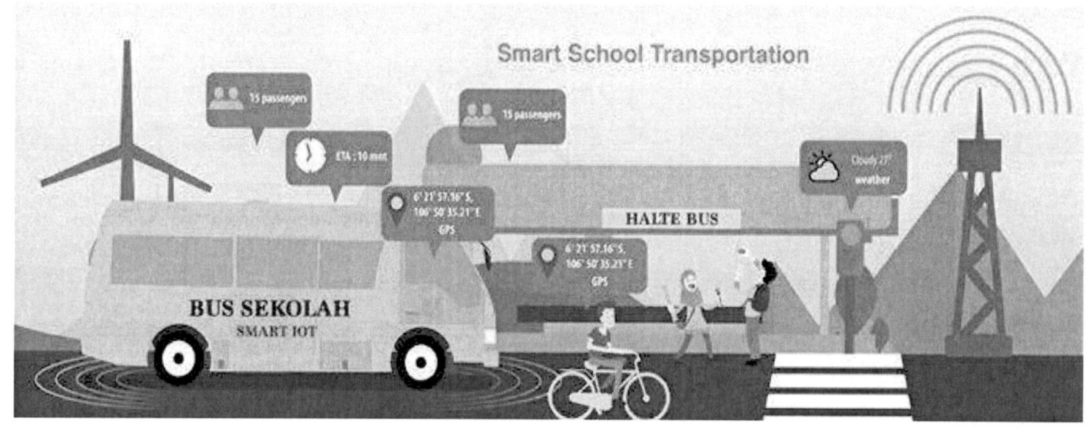

그림 87 오스틴 스마트스쿨버스 기술

오스틴시의 스마트 시티 프로젝트를 위한 컨소시엄인 ACUP는 기업, 정부, 개인, 비영리 단체 간의 협력을 위한 플랫폼을 제공하고 있다. 이 프로젝트를 위해 개발 진행 중인 기술은 다음 표에서 확인할 수 있다.

표 19 Austin 시티 프로젝트 상용 기술

1. 어포더블 하우징 데이터 허브	사용자의 선호도에 맞는 주택 목록 제공함으로써 지역 주택 당국에 정보를 제공하고, 주택시장을 모니터링하고 정책을 결정하는데 도움을 준다. 부동산 소유주

	와 투자자에 인센티브를 주어 저렴한 주택옵션을 제공하도록 유도하고 부동산의 점유율과 수익률을 유지하기 위한 통찰력을 제공한다.
2. 스마트 오스틴 이노베이션 랩	오스틴 2번가를 시작으로 IoT 시스템을 설치하고 보행자, 교통, 소음, 대기오염 등의 데이터를 수집 및 분석해 안전, 삶의 질을 파악한다. 이 기술은 음향조례 준수, 공기품질문제, 보행자 추적, 현지 기업에 대한 알림, 침입탐지, 폐기물 관리, 화재대응, 센서, 카메라 ,에너지 모니터링 등에 활용될 수 있다.
3. 리버사이드 모빌리티	오스틴의 리버사이드 지역에서 도심가지 서비스 직종 종사자의 1인 탑승 통근 차량을 줄이기 위한 고용주의 후원 하에 비용효율적인 통근 대안이다.
4. 스마트 무브먼트 트랙	센서를 통한 실시간 자료 수집 및 분석 시스템으로 원격의료 서비스를 통한 환자-간호사-의사-약사 간의 소통 증진, 실시간 정보교환센서 및 의료기기를 통한 장애인의 건강상태 개선, 스마트 주차, 스마트 가로등, 스마트 차량을 통한 안전도 개선들에 활용 가능하다.
5. 스마트 스쿨버스	통합 하드웨어, 소프트웨어, 데이터 관리, 연결을 통해 학생들의 안전 및 보안을 개선하고 운영 효율성을 높인다. 통학버스 내 WIFI 사용, 차량 내 비디오 모니터링을 통해 학생 안전과 보안 개선, 실시간 위치 정보를 송신한다.
5. 트랜스포테이션 키오스크	WIFI 연결 제공 및 대화형 터치스크린으로 맞춤화된 커뮤니티 정보제공을 위한 기술이다.

3. 일본 후지사와 시티

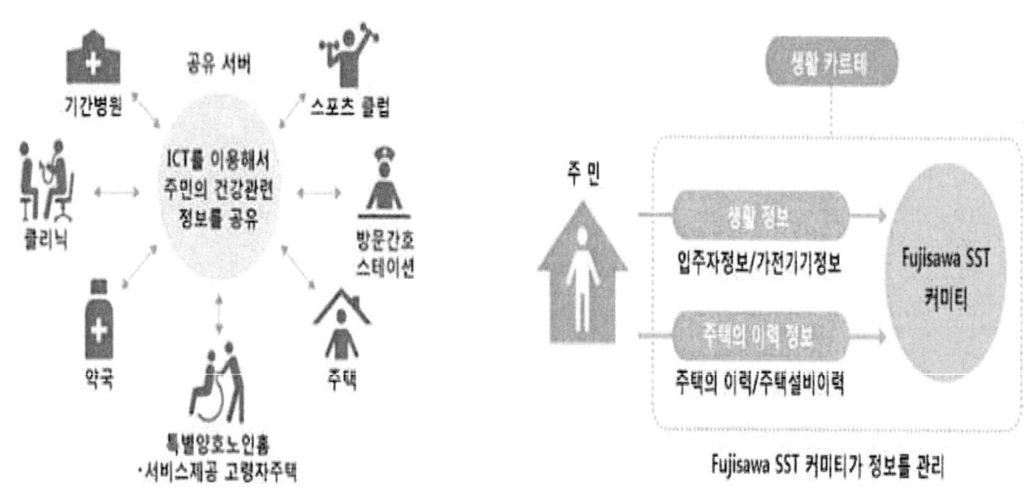

그림 88 지역 포괄케어 시스템/ 생활기록카드 시스템

도시 내 기존 공장 부지를 재개발하여 에너지 중심의 스마트시티를 조성한 것으로 "100년 동안 지속할 수 있는 스마트타운"을 지향하며 기존 주거 단지에 대비하여 탄소 배출 70% 절감, 물 사용량 30% 감축, 신재생에너지 30% 이상 사용을 목표로 추진되었다.

후지사와 SST는 주민들이 친환경적이고 쾌적한 생활을 유지할 수 있도록 '에너지, 안전과 안심, 이동, 건강과 복지, 커뮤니티'의 5가지 생활지원서비스를 제공하고 있다.

표 20 일본 후지사와시티 서비스별 기술

에너지	타운 내 단독 주택의 약 600가구 전 세대에 태양광 발전 시스템, 축전지 유닛을 갖추고 있으며, 가정 내 에너지를 자기 관리하는 '스마트 HEMS2)'로 에너지 관리를 하고 있다.
안전·안심	게이트와 울타리로 마을을 폐쇄하는 것이 아닌 '버추얼 케이티드 커뮤니티 타운'이라는, 벽이 없는 것으로 심리적인 장벽도 없애고 보다 원활한 주민들의 커뮤니케이션을 도모한다.
이동서비스	모든 주민들에게 새로운 '토탈 모빌리티 서비스'를 제공, 전기자동차(EV), 전기바

	이크와 전동보조 자전거까지를 포함한 쉐어서비스, 렌트카 배달 서비스, 충전 배터리가 렌탈 가능한 배터리 스테이션 등을 설치하고 있다. 특히 다양한 토탈·모빌리티 서비스를 원스톱으로 실현시키는 것이 '모빌리티 콘셰르주'로, 예약 접수는 물론, 거리, 이용시간, 시간대에 따른 교통량의 변화 등을 고려하여, 카 쉐어 및 렌터카의 선택이나, 이동수단은 전기자동차가 좋을지, 전동 바이크가 좋을지 등을 판단하고 제안하고 있다.
건강복지	특별 간호 노인홈, 서비스 제공 고령자주택, 각종 크리닉(병원), 보육원, 학원 등이 일체화 된 웰니스 스퀘어를 설치하여, 각각의 서비스 분야의 영역을 넘어설 수 있게 연계시켜, 주민 개개인에게 최적의 서비스를 제공 할 수 있도록 한다.
커뮤니티	단지의 다양한 정보와 각 세대 및 거주자들을 연결하여 그 가정에 맞춘 에드바이스 등 '멀티 디바이스 대응의 포털 사이트'를 운영하고 있다. 생활정보를 관리하기 위해 '생활기록카드(Karte)'를 운영하고 있다

글로벌데이터는 스마트시티를 IoT 기술의 6대 시장 중 하나로 보고 있다. 나머지 5개는 커넥티드카, 자동화된 주택, 산업용 인터넷, 웨어러블 테크놀로지, 주변 상업 등이다.

스마트시티는 많은 기술에 의존하지만 특히 IoT 기술에 대한 의존도가 높다. 초기 인터넷에 개방적인 접근법이 도입되기 전에는 독점적 권력에 의해 지배되었던 것처럼, 스마트시티에서 초기 발판을 마련한 회사들이 소위 도시 기술을 지배하게 될 것이라는 인식이 퍼지고 있다. 버딕트의 글로벌데이터에 의거 한 스마트시티 선도 기업 분석은 혁신적 기술을 더한 사업 확장의 중요성을 일깨운다.

이외에도 IBM의 비콘연구소는 로봇 인공지능 통합센서 네트워크를 통해 뉴욕 허드슨 강을 실시간 모니터링하고 분석할 수 있는 RWON을 개발하였고 독일은 배출가스 처리와 미세먼지 저감을 위해 휘발성 유기화합물질을 산화하여 청정공기로 바꾸는 축열식 연소산화기술을 개발했다.

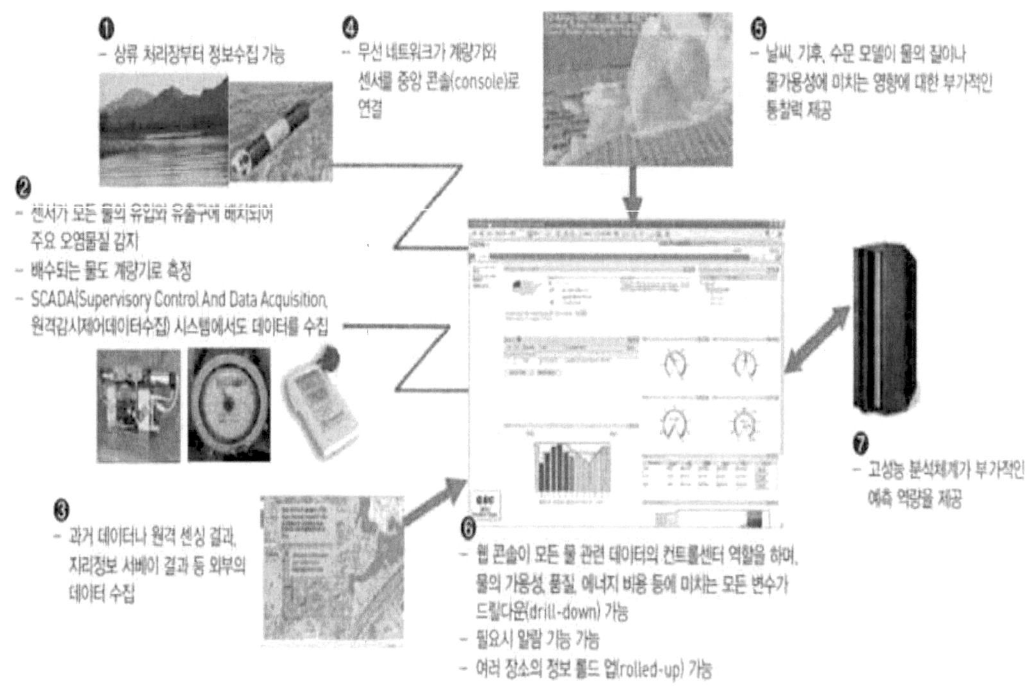

그림 89 IBM 수자원 및 수질 통합 운영관리 개념도

첨단기술 및 시스템을 도시환경에 적용함으로써 외부와 차단된 상태에서도 생명활동이 가능한 인공 환경을 구현하고자 하는 노력이 시도되었으며 이러한 도시환경에서의 순환형 신진대사 개념은 대기오염 물관리 토양 폐기물 등 다양한 분야에서의 물질과 에너지 흐름을 친환경적이고 효율적으로 순환시키기 위한 전략과 구체적 실천으로 전개되고 있다.

환경공학 환경바이오 기술 바이오 에너지 연구의 융합을 통해 화석연료 에너지 발전으로 인한 환경 부담을 감소시키는 혁신적 기술개발을 위한 노력이 지속되고 있으며 미세먼지 산성비 기후변화에 대응하기 위한 혁신적 스마트 에너지 생산 기술 개발노력도 하고 있다. 화석연료 연소 시 배출되는 유해물질을 활용하여 친환경적 공법으로 클린 에너지를 생산하는 기술발전으로 혁신적 첨단기술들은 궁극적으로 미세먼지 산성비 기후변화에 대한 대응에도 큰 기여를 할 것으로 기대된다.

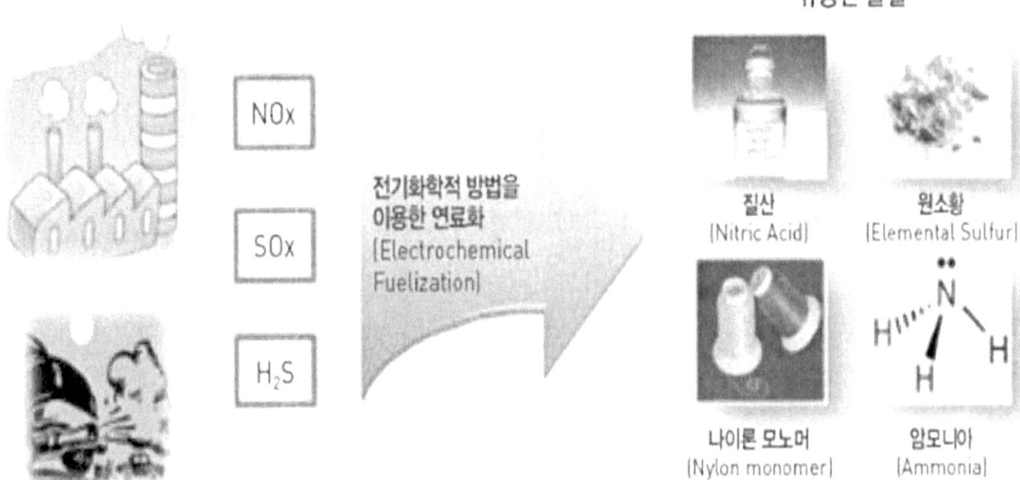

그림 90 공장, 자동차 등 배출가스의 자원화 및 에너지화 기술 개념도

나. 국내 현황

스마트 시티 프로젝트는 IoT 센서, 연결성, 데이터라는 세 가지 공통적인 기술적 기반을 공유한다. 센서는 네트워크에 정보를 제공하는 모든 연결된 장치를 대표하며, 연결성은 고정 또는 무선 네트워크에 의해 제공된다. 데이터는 실시간 및 과거 데이터를 저장, 분석 및 표출한다. 이 세 가지 기반을 연결함으로써, 도시는 보다 살기 좋은 도시를 만들기 위한 새롭고 더 효율적인 방법을 제공하는 강력한 플랫폼을 갖추게 되는 것이다.

국외와 같이 국내 이동 통신사들도 5G 전파 송출 및 상용망을 개통함에 따라 스마트 시티 관련 프로젝트를 진행하고 있다. SK텔레콤은 송도국제도시에 5G기반 HD(High Density)맵을 구축하고, 자율주행 환경에 최적화된 5G 인프라를 구축했다. HD맵은 자율주행차량이 안전하게 주행할 수 있도록 정밀한 공간정보를 제공하는 지도이다.

나아가 SK텔레콤은 송도국제도시를 5G 스마트시티로 확대 발전시킬 계획이며, 유동 인구 데이터를 체계적으로 관리할 수 있는 데이터 허브 구축 및 5G 기반 스마트오피스도 도입한다.

KT는 5G 네트워크를 기반으로 1분 단위로 공기질 데이터를 수집, 분석하는 '에어맵 코리아' 프로젝트를 진행 중이다. 또한 5G로 차량과 교통인프라를 연결하여 교통문제에 대응하는 '5G 커넥티드카 플랫폼', 5G로 연결된 360도 카메라를 통해 도시 안전을 모니터링하는 '5G 스카이십' 프로젝트를 추진 중이다. 이렇듯 5G 통신은 스마트시티의 게임체인저로써, 막연한 개념이었던 스마트시티를 현실로 만들어 줄 기술로 주목받고 있다.

또한 국토교통부는 이렇게 뛰어난 한국의 스마트 시티 기술을 수출하기 위해 한국 주도의 스마트시티 글로벌 협력체계 'K-City Network'를 출범했다. 한국 주도의 스마트시티 글로벌 협력체계 'K-City Network'는 글로벌 협력 프로그램은 해외 정부와 공공기관이 추진하는 스마트시티 사업을 대상으로 마스터플랜 수립 또는 타당성 조사(F/S) 등을 지원하고 초청연수, 기술 컨설팅 등을 패키지로 병행해 한국의 스마트시티 개발 경험과 지식을 공유하는 사업이다. 특히, 정부간(G2G) 협력을 기반으로 스마트시티 계획 수립 단계부터 본 사업 투자결정에 이르기까지 모든 단계에 걸쳐 한국 정부가 체계적으로 지원한다는 점에서 기존의 해외도시개발 지원 사업과 차이가 있다.

사업 첫해인 2020년에는 6개의 도시개발형(말레이시아 코타키나발루 스마트시티 MP,

미얀마 달라 신도시 스마트시티 FS, 러시아 연해주 볼쇼이카멘 스마티시티 기본구상, 베트남 메콩 델타 스마트시티 Pre-FS, 인도네시아 신수도 스마트시티 기분구상, 페루 쿠스코 공항부지 스마트시티 MP)과 6개의 솔루션형(터키 앙카라 재해방지 및 관리 기본구성(방재), 터키 가지안텝 테이터통합 MP(전자정부), 태국 콘캔시 스마트 모빌리티 MP(교통), 라오스 비엔티안 배수시스템 MP(배수), 몽골 울란바토르 모빌리티 플랫폼 기본구상(교통), 콜롬비아 보고타 고속도로 교통관제센터 MP(교통)) 등 11개 국가의 12개 사업을 선정·진행했다.

2021년 K-City Network 글로벌 협력 프로그램은 2월 18일부터 4월 20일까지 공모를 진행했으며, 코로나19 상황에도 39개국에서 총 111건이 접수됐다. 이는 지난해보다 참여 국가는 16개국이 사업건수는 31건 증가한 수치를 보였다.

국토교통부는 한국형 스마트 시티 기술 수출을 위한 국제공모를 추진하기도 했다. 정부 간 스마트시티 협력 사업을 발굴하고, 우리 기업의 해외 진출을 지원하기 위한 'K 시티 네트워크' 사업의 제3회 국제공모를 진행했다.

해당 공모는 한국의 우수한 스마트시티 기술과 경험을 개발도상국 등과 공유·협력할 수 있는 기회이며 한국형 스마트시티가 세계 여러 도시에서 실현될 수 있도록 적극 지원하겠다고 국토교통부는 밝혔다.

한편 산업통상자원부는 사우디아라비아 투자부와 면담을 갖고 스마트시티, 수소, 엔터테인먼트 분야의 협력을 강화하기로 했다고 밝혔다. 한국의 기술력을 바탕으로 사우디에 수소 관련 인프라 구축에 힘쓰며 수소 모빌리티 보급에 앞장서기로 한 것이다. 사우디는 석유 정제 산업을 토대로 수소 생산 기반을 마련하고 한국과 수소 공급망을 구축한다.

LH는 '2022 스마트시티 아시아/태평양 어워드(Smart City Asia Pacific Awards, 이하 SCAPA)' 지속 가능한 인프라 부문에서 최우수 프로젝트를 수상하기도 했다. SCAPA는 IT 시장분석 및 컨설팅 기관 IDC(International Data Corporation)의 스마트 시티 개발 지수 프레임워크를 활용, 각 기능별로 구분된 15개 스마트시티 e-서비스 영역에서 뛰어난 정부 및 공공기관, 민간 기업을 선정하는 국제 행사다. LH는 해당 공모에서 'IoT 기반 스마트 그린 도시 서비스'를 제출, 사회·경제적 가치를 높이기 위한 디지털 기술의 도입으로 높은 평가를 받았다.

현대건설은 한국 기업 최초로 '베트남 하노이 남부 하남성 스마트 신도시 개발 MOU' 체결해 글로벌 친환경 스마트시티 건설사업 주도하며 K스마트인프라 해외 수출을 확대했다.

1) 스마트빌딩

스마트빌딩은 인텔리전트 빌딩으로 불리며 건물에 ICT기술이 융합된 첨단 건물을 말한다. 빌딩의 주요 설비에 IoT센서를 적용해 모든 상황을 모니터링하고 이를 기반으로 스스로 상태를 판단해 최적의 운영을 지원하는 것으로, 5대 스마트시티 기술 중 가장 많은 수의 IoT기기들이 적용된다.

스마트빌딩 기술중 빌딩에너지 관리시스템(BEMS)의 세계시장 규모는 '20년 56억 달러로 예상되며, 에너지 사용량을 계측하고 효율화하는 것에 그치지 않고 '제로 에너지 빌딩(ZEB)'으로 진화하고 있다.

스마트빌딩을 구현하는 해외기업 중 Honeywell, Siemens, Johnson Controls, Schneider Electric 등이 시장을 주도하고 있으며, Honeywell의 경우 최근 중국의 화웨이와 협력하여 중국 심천 스마트시티 프로젝트에 참여하고 있다.

국내기업으로는 '10년초 포스코ICT, LG CNS, 한화S&C 등이 사업에 진출하였으며 이중 포스코ICT는 쿠웨이트 압둘라 신도시 건설 설계 등 국내 최초로 해외 스마트시티 시장에 진출하였다.

구분	디바이스	구현서비스(실증단지 적용기술, 시장제품 기준)
빌딩에너지관리 시스템(BEMS)	빌딩전용 플랫폼	• 조명·공기조화·CCTV 통합관리 플랫폼 • 제로에너지빌딩(ZEB) 기술개발
	전력 에너지	무선통신으로 소비전력을 통제하는 네트워크 스위치
	기타 에너지	방축열을 이용한 인공지능 냉방 시스템, 빌딩 탄소제어 시스템
빌딩보안관리	보안 시스템	실시간 CCTV 이미지 분석을 통한 보안
	관리 시스템	빌딩 주차장 무인관리 시스템

그림 91 스마트빌딩 주요 구현 서비스

스마트 빌딩 자동화 시스템은 점유율 상황에 맞춰 난방 및 환기를 자동으로 실행하며 실내에 아무도 없을 때 자동으로 조명을 소등한다. 스마트 공공 안전 및 보안 솔루션. 다양한 센서와 연결된 카메라가 경찰과 초기 대응 기관들이 사건 및 응급 상황에 효율적으로 대응하고 해결할 수 있도록 지원한다.

2) 스마트교통

스마트교통은 도시 스스로가 시스템적으로 교통정보를 수집하고, 교통 환경을 감지하여 이를 실시간으로 네트워크에 연결하여 모니터링 하는 것을 의미한다. 우리나라는 기존의 지능형교통시스템(ITS)기술에서 시작하여 스마트시티 플랫폼에 연동되면서 각 주체가 상호협력을 통해 각자의 교통정보를 교환하는 개념으로 발전하고 있다.

지난 20여 년간 교통은 지능형교통체계(ITS)라고 불리는 고도화된 교통시스템 구축사업을 추진해왔고 이러한 시스템은 ICT 기반의 기술을 교통체계에 구축하는 기술로서 적용되어 왔다. 이제 이러한 ITS 기술은 U-City 구축사업으로 전환하여 추진하게 되는데, U-City 구축사업에서는 이들 기술에 공유, 연계, 통합이라는 개념을 추가해서 시민에게 보다 고급화된 신개념 스마트교통을 제공하게 된다.

따라서 U-City 기술을 스마트시티 교통기술에 접목하고, 거기에 IoT, Open Data, Big Data, Embedded Networking, Cloud Computing, Service-Oriented Architecture(SOA), GIS 등 세부적인 새로운 기술이 추가되어 스마트시티에서는 교통서비스를 한층 고급화하는 기술로 활용하게 되었다.

구분	디바이스	구현서비스(실증단지 적용기술, 시장제품 기준)
차량	대중교통 시스템	BIS(버스정보 시스템) BRT(간선급행버스체계) 우선신호 시스템으로 교통흐름 관리
	주차시스템	무인 주차관리 시스템, 주차면 센서를 활용한 주차유도 시스템 등
	주차모니터링	CCTV를 활용한 불법 주정차 자동단속
	공유차량	세종시 카쉐어링("어울링카" 세종청사-오송역 구간), 실시간 차량 예약
	공공자전거	IoT기반 친환경자전거 서비스 제공 (서울시 "따릉이", 세종시 "어울링")
교통신호	스마트횡단 보 도	보행신호 음성안내, 신호연동 안전차단바 작동, 무단횡단 경고 방송 등
	스마트교통 안 전	사회적 약자(치매노인, 어린이) 방범용 CCTV 시스템, 사회적 약자에 대한 위치 제공

앞 으

그림 92 스마트교통 주요 구현 서비스

로 구축될 스마트시티 속 교통 환경에는 다양한 신기술이 접목될 것으로 기대된다. 먼저 '통합 지능형 교차로'는 센서와 융합 알고리즘, 단거리통신 등을 활용해 사각지대에서 도로를 건너는 보행자가 감지되면 운전자에게 경고를 알린다. 또 교차로 신호를 스스로 제어해 자동차들의 공회전 시간을 단축해 줌으로써 배출 저감에 도움을 주며 사고 위험이 큰 교통상황도 관리 및 통제 할 수 있다.

전기차 카셰어링을 기반으로 하는 자동차 관리 기술도 소개되었는데 예약과 이용, 반납뿐 아니라 결제와 사고 보고 등 모든 과정을 모바일 앱 하나로 지원이 가능한 게 특징이다. 전기차 배터리 잔량과 충전 시간 등의 정보도 확인이 가능할 뿐 아니라 이용자가 대여 시간에 전기차를 충전할 경우 혜택을 제공하고 위치정보를 추적해 위험 상황까지 대비할 수 있다.

'지능형 가로등'은 센서와 통신 기술을 활용해 원격으로 광도를 조정할 수 있고 주변 교통상황에 따라 적응형 도로조명 시스템을 구현한 게 특징이며 업데이트와 관리가 무선으로 가능할 뿐 아니라 나아가 교통정보와 도심의 소음과 대기질 정보를 수집하고 자동차 통신까지 지원하는 신기술이다.

'커뮤니티 기반 주차'는 운전자가 주차 공간을 쉽게 찾을 수 있도록 돕는데 차가 주행 중 자동으로 주차된 차들 사이의 공간을 인식하고 실시간으로 디지털 지도에 데이터를 전송함으로써 빈 주차 공간으로 안내 받을 수 있다. 향후 이 기술을 기반으로 주차장에서 운전자 없이 차가 스스로 주차 공간을 찾아 주차가 가능한 자동 발레파킹 서비스로 발전될 예정이다.

3) 스마트에너지

스마트에너지는 전력모니터링을 통해 불필요한 전력소비를 최소화하고, 친환경적인
도시를 조성하는 기술을 말한다. 스마트에너지는 도시 자체의 에너지 공급비율을 높
이는 것을 목표로 하기 때문에 이를 위한 신재생 전력설비 확충이 예상되며, 지능형
전력관리를 위한 검측장비(AMI : Advanced Metering Infrastructure)에 대한 수요
가 지속적으로 증가할 것으로 예상된다.

구분	디바이스	구현서비스(실증단지 적용기술, 시장제품 기준)
전 력 에너지 관 련	스마트그리드6)	실내환경(온도, 습도, CO_2)모니터링을 통한 에너지 절감시스템 스마트검측기(AMI), 에너지저장시스템(ESS) 등 기술접목
	신재생에너지	전기차/수소차 충전소 운영, 태양광 발전(세종 실증단지)
	스마트가로등	유동 인구별 조명 밝기 조절, 환경정보(CO_2, O_3) 수집
환 경 에너지 관 련	폐기물 시스템	쓰레기통 적재량 모니터링, 쓰레기 자동 크린넷 등
	대기환경모니터링	미세먼지 모니터링, GIS기반 악취확산 예측 모니터링
	스마트 방역	디지털 모기측정기를 통한 모기 발생지점 예측 등

그림 96 스마트에너지 주요 구현 서비스

가) 스마트 쓰레기 관리

스마트 쓰레기 관리는 쓰레기통에 설치된 센서가 쓰레기 양 정보를 수거 업체로 전
달. 실제 필요 상황에 맞춰 수거 루트가 자동으로 최적화되었다.

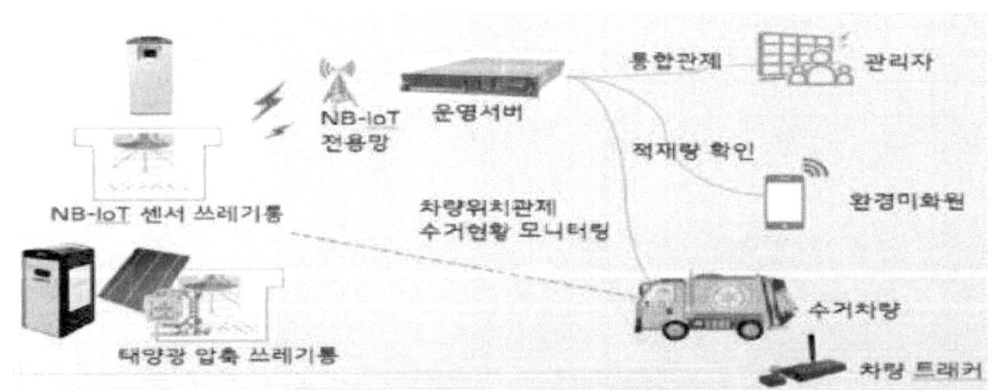

그림 97 스마트 수거관리 시스템

폐기물 시스템의 경우, 제품 설계단계부터 재활용을 고려 자원을 지속 활용하는 순환 경제로 전환을 추진하고 있고 국내에는 IoT를 이용한 폐기물 수거시스템 로봇 이용 폐기물 선별 등 다양한 모델들의 시범운영 진행되고 있다. 국내의 폐기물관리시스템 은 RFID, GPS시스템 도입 및 재활용 앱의 활용 등을 통하여 데이터를 축적하고 통 계작성 및 정보제공의 역할을 수행하고 있다.

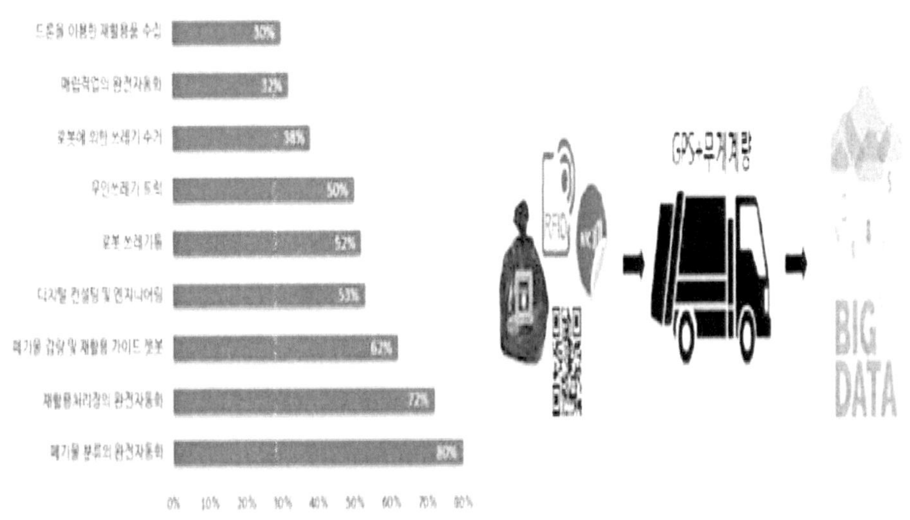

그림 98 폐기물 4차산업 2030년에 가능한 혁신/ 폐기물 데이터 수집 및 관리

나) 분산에너지 통합 운영 가상발전소 플랫폼

가상발전소(VPP, Virtual Power Plant)는 태양광, ESS, DR 등 다양한 공급자원과 수요자원을 통합하여 효과적인 비용으로 시스템의 안정성을 유지하면서 기존 송전선 에 연결된 발전소와 같이 에너지를 공급하기 위한 가상발전소 운영시스템이다.

공급자원과 수요자원을 분산자원 보유자와 중개사업자를 통해 수집한 후 결합해 가상 의 발전소를 운영하는데, 자원을 모집하고, 발전량 예측하고, 입찰 전략과 자원관리법 을 최적화하는 등의 핵심 기능이 가능하며, 이를 통해 가시성이 확보되어 다수의 분 산자원이 일종의 가상 대형발전소처럼 운영할 수 있게 되는 것이다.

VPP는 ESS, DR을 통해 태양광 등 변동성 재생에너지를 제어할 수 있게 됨에 따라 소규모로 산재되어 활용되지 못했던 분산자원의 활용을 가능하게 한다. 쉽게 말해 가 상발전소는 전력망에 상호 연결돼 에너지, 용량, 보조서비스 등을 제공하는 즉, 분산 자원을 ICT를 이용하여 하나의 발전소처럼 운영하는 통합관리 시스템이다.

에너지전환 및 탄소중립 과정에서 분산자원의 확대가 이루어지고 있으며, 재생에너지

의 분산화, 변동성, 간헐성 등으로 인해 전력망 투자 및 운영 측면에서 비용 증가를
야기하고 있는 실정에 소규모 분산자원의 가시성을 높이고, 효율적인 전력계통 운영
을 위해 '소규모 전력중개시장'을 도입했다. 또한, 국내 분산자원은 태양광을 중심으
로 보급 확대 중인데, 이는 기존 대형 발전소 대비 규모가 현저히 작아 사업자의 시
장참여를 제한하고 전력계통 운영의 효율성과 안정성을 위협해 가상발전소의 필요성
이 대두되었다.

1MW 이하의 소규모 태양광은 현실적으로 시장 참여가 어려워 발전량이 시간대별로
파악되지 않기 때문에 그 비중이 늘면 늘수록 '덕 커브'라는 운영상의 고질적인 문제
점을 불러오기도 한다.

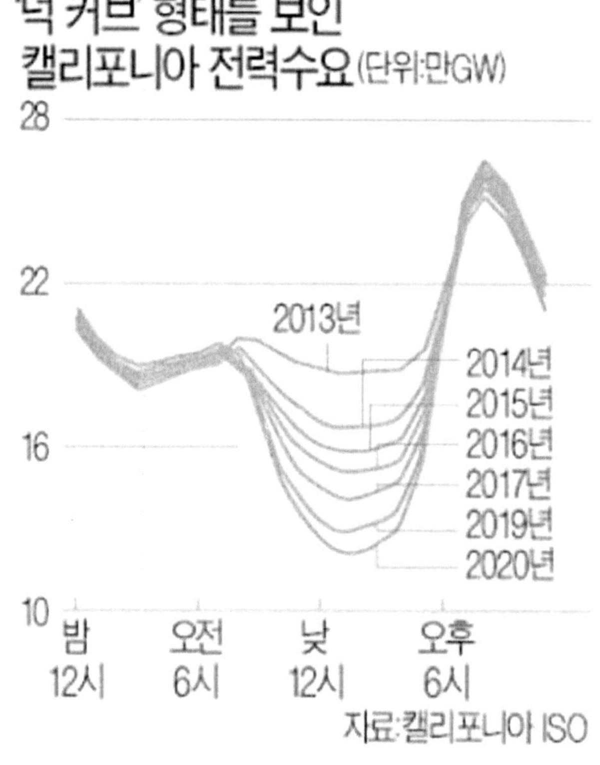

그림 99 캘리포니아 덕 커브

위 그림과 같이 익히 알려진 캘리포니아의 덕 커브는 과도하게 설치된 태양광발전 자
원으로 인하여 낮 시간의 부하가 점점 낮아지는 반면, 태양광 발전이 멈추는 저녁 시
간의 전력소비는 유지 혹은 증가하게 되므로 소비의 변동 폭이 점차 증가하는 것을
뜻한다. 이처럼 급격한 변화로 예측의 불확실성을 가지고 제어가 불가한 발전 자원들
에 대해 높은 예측 가능성과 제어력을 가상발전소를 통해서는 부여할 수 있게 된다.

이러한 가상발전소는 분산자원의 유형에 따라 갈래짓고 있다. (1) 태양광, 풍력, ESS 와 같은 자원을 수집하는 공급형, (2) DR 등의 수요형, (3) 공급형과 수요형이 합하여 진 융합형으로 크게 나누어지고, 공급형과 수요형을 중심으로 운영된다. 여기에서 공급형 VPP는 운영 목적에 따라 시장 참여를 목적으로 하는 상용가상발전소와 배전계통을 안정화해 투자 비용을 절감하는 망 사업자의 기술가상발전소로 구분된다.

Commercial VPP, 즉 상용가상발전소의 운영주체인 분산자원 및 중개사업자는 개인적으로 시장 진입에 어려움을 겪었지만, VPP를 통해 거래에 참여함으로써 수익을 창출할 수 있게 된다. 또한, 전력시장에 참여하지 않는 분산자원에 대해서도 가시성을 얻을 수 있어 송전망 운영을 효율적으로 이끌어낼 수 있다. 정부 차원에서는 VPP를 통한 분산자원 확대를 통해 기후변화 대응 및 탄소중립을 달성할 수 있다.

Technicial VPP, 기술가상발전소의 운영주체인 전력망에 투자하고 운영하는 유틸리티는 배전망 안정화를 통해 막대한 신규 투자의 필요성에서 피하거나 그 기간을 늦출수 있고 동시에 분사자원 추가 수용이 가능해진다.

가상발전소는 분산화된 재생에너지의 간헐성과 변동성에 대한 문제를 해소할 수 있는 대안으로 떠오르고 있다. 하지만 국내 가상발전소의 보상체계가 다소 부족하며, 이에 따라 산업 활성화가 지연되고 있는 것이 현실이다. 에너지신산업 생태계의 조성을 위해, 가상발전소는 단순한 보상체계의 설계가 아니라 산업생태계의 활성화까지 고려한 형태로 추진되어야 할 것이다.

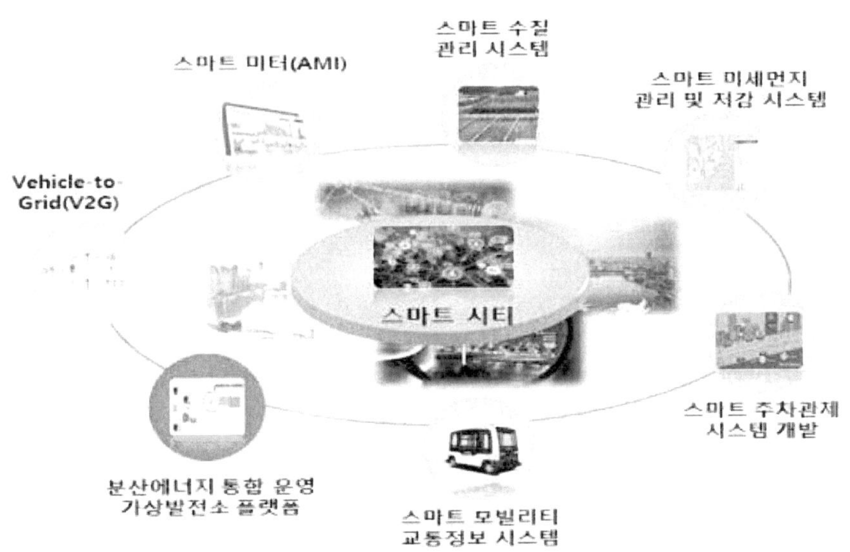

그림 100 스마트시티 내 분산에너지 통합 운영 가상발전소 플랫폼의 위치

4) 스마트워터

스마트워터는 상하수도 및 도시용수 관리를 효율화하고 홍수, 가뭄 등 환경 변화에 대비하는 수자원관리를 목적으로 하는 기술을 말하는 것으로, ICT기술을 적용하여 공급자와 수요자간 정보를 교환하는 지능형 수자원관리 플랫폼인 '스마트 워터그리드'가 중심이다.

스마트워터그리드는 '09년도 17대 신성장동력 사업으로 선정된 이후 '11년 서울시, '12년 부산시가 사업을 완료한 바 있다.

구분	디바이스	구현서비스(실증단지 적용기술, 시장제품 기준)
도시 용수	워터그리드	ICT에 기반한 고도화된 수자원관리 기술개발, 일종의 플랫폼 기술
	상하수도 설비	수돗물 정수 시스템으로 수돗물을 식수로 사용, 소형로봇 상수도 원격탐사, VR/AR을 활용한 지하매설관 관리
	폐수처리 설비	수질측정 센서를 부착한 수상드론 활용
수자원 환경	재해·재난예측	인공지능형 홍수관리 시스템, 센서를 활용한 하천상황 실시간 모니터링

그림 101 스마트워터 주요 구현 서비스

상수도는 상수관망에 센서를 설치하고 관련 자료를 연결하여 의사결정을 지원하는 첨단시스템 도입하고 하수도 분야는 노후관리 및 안전관리와 하수처리장 방류수의 수질을 양질의 수자원으로 활용하려는 분야에 첨단기술이 이용되고 있다. 상하수도는 기술 발전이 지속적으로 이루어지고 있는 분야로 초연결성 초지능성으로 새로운 도약을 할 수 있을 것으로 전망 되고 있다.

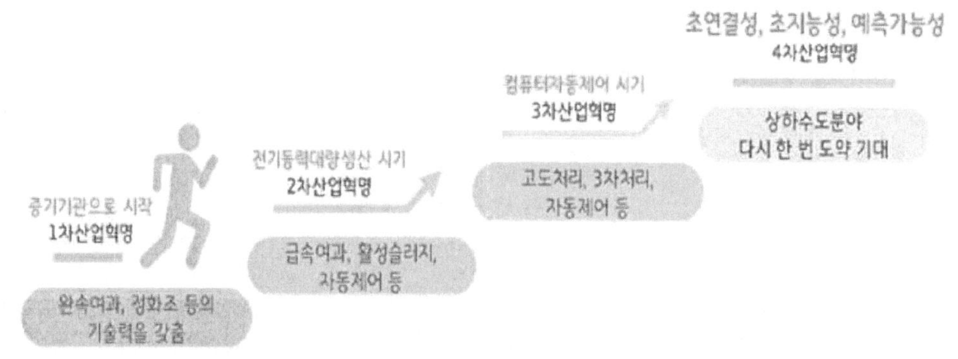

그림 102 산업혁명과 상하수도 시스템 발전/경기연구원

5) 스마트교육

교육은 핵심 혁신 요소 중의 하나로, 지속 가능한 도시 건설을 위해 ICT 기술이 활용된 에듀테크(EdTech 또는 EduTech)를 도입하고, 학교 교육과 생애 학습이 이어지는 새로운 도시 기반의 교육 혁신 모델을 제시하는 것을 목표로 하고 있다.

한국교육학술정보원(이하 KERIS)에서는 미래 사회 핵심 역량을 갖춘 인재를 양성하기 위한 질 높은 스마트시티 교육 기반 마련을 위해 관계 부처 및 기관, 교육 수요자, 에듀테크 기업 등 다양한 이해관계자들과의 협업으로 스마트시티 교육 부문의 실행 전략을 수립하고 있다. 또한 활동 중심 교육을 강화하고 학습 공간/시설 공유가 가능한 혁신적 교육환경을 제공하는 것을 목표로 스마트시티의 핵심 학습 센터로서 학교 공간 모델에 대한 기초 설계도 함께 추진하고 있다.

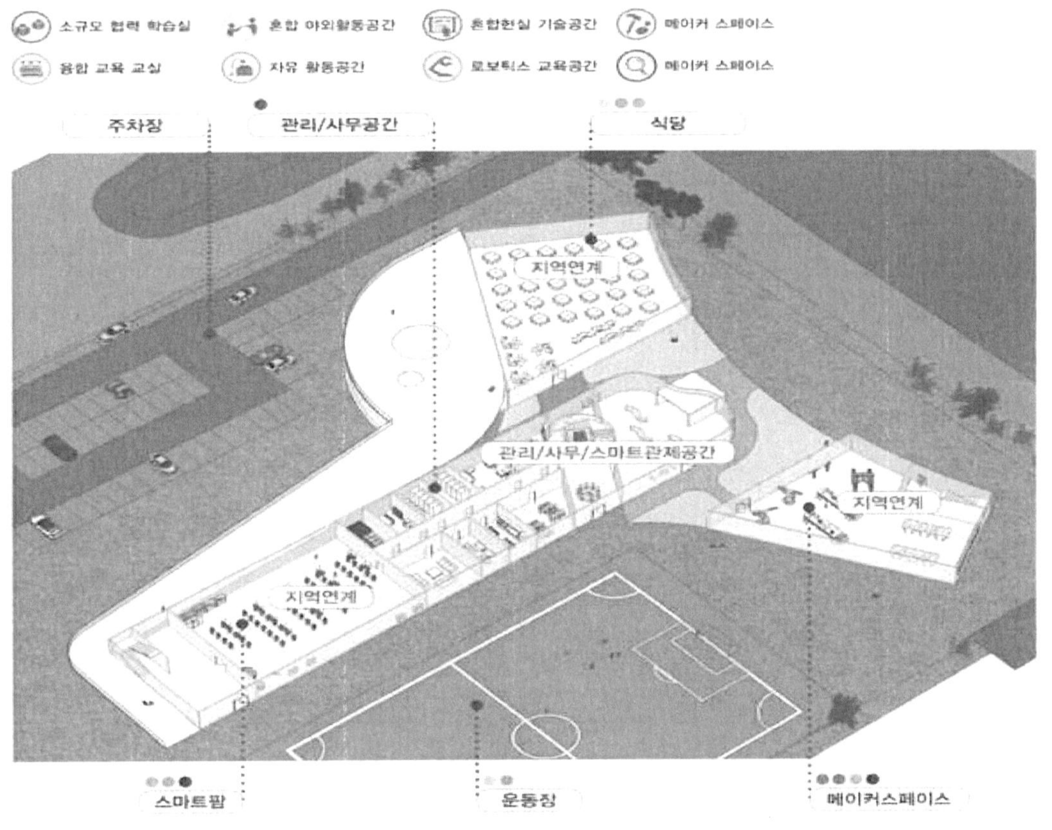

그림 103 스마트시티 학교 콘셉트 설계도

스마트시티 전략에서는 "City as a Extended School"을 비전으로 에듀테크 기술을 활용해 도시 전체를 학습의 장으로 확장하고자 한다. 이러한 과정에서 KERIS는 스마트학교(물리적 공간)와 교육 플랫폼(온라인 공간)을 구축하고 학생을 미래 '창의융합'

인재로 성장시키기 위한 교육 과정을 실현할 수 있는 에듀테크 기술 개발을 수행 및 지원하고 있다.

미래 교육 비전 실현을 위해서는 학생들이 오프라인과 온라인을 넘나들며 자신이 원할 때 언제 어디서나 무엇이든 학습할 수 있는 공간을 제공하는 것이 필요하다. 이를 위해 오프라인과 온라인의 O2O 일체형 통합 공간으로 설계될 스마트학교 공간은, 도시와의 통합 설계를 통해 교실과 도시의 모든 자원들이 연계되고 도시 전체가 학습 공간이 되는, 현재보다 확대된 개념으로 설계되고, 운영될 것이다.

스마트시티 국가시범도시의 학교는 즐거운 학교, 안전한 학교, 스마트한 학교, 지역과 연계된 학교, 생태지향적 학교의 지향을 담고 있다.

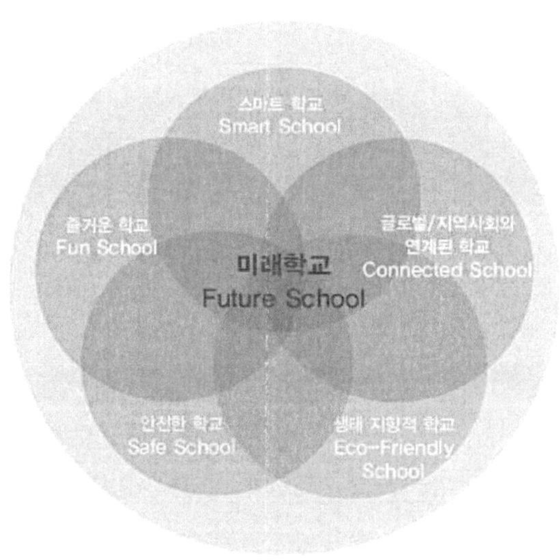

또한 IoT가 최근 교육 분야에 도입되며 학습 환경 개선 및 안전성 향상에 기여하고 있다. IoT가 학교 건축물 혹은 시설물에 설치될 경우 건물의 진동, 기울기 등에 대한 데이터를 실시간으로 수집할 수 있고 수집된 데이터 분석을 통해 건물 붕괴를 사전에 감지할 수 있는 것이다.

카메라 영상, 데이터 센싱 이외에도 주변에서 발생한 음성 신호를 활용할 수 있다. 음성/소리를 활용하면 발생 위치를 빨리 찾거나 영상에서 획득하기 힘든 정보를 추출할 수 있으며 가로등, 화장실 등에 설치된 음성/소리 인식 장치는 비명 등이 있을 경우, 재빨리 해당 위치로 경찰을 출동시키는 것이 가능하다. 또한, 터널과 같은 곳에서 두 차량이 가까운 거리에서 접촉 사고가 일어났을 경우, 그 접촉 사고를 판별하기는 쉽지 않지만, 카메라 이외에 소리 측정을 통해 이를 판별할 수 있다.

학교 시설에서는 학생들이 머무는 학교 주변에서 소리가 나는 방향을 감지하여 해당 위치에 회전식 CCTV 카메라의 촬영 시간을 늘리던가 화면 배율을 확대하는 등 주변 디지털 기기와 연동하여 활용될 수 있다.

ICT 기술의 발전으로 최근에는 인공지능 기술을 활용한 영상 분석 기술이 카메라에 응용되고 있다. 기존에는 CCTV 카메라로 사람이 편리하게 더 많은 지역을 살펴볼 수 있도록 관리 및 제어 도구 등을 개발했지만, 최근에는 특정 인물이나 물체를 추적, 이상 행동을 검출하는 등 다양한 기능이 추가되고 있다.[23]

---

23) 도시 인프라 활용한 안전한 스마트학교 공간 설계/CCTV

국내 스마트시티 서비스에 사용된 기술은 대부분 ICT기술로, 개별 기술은 과학기술정
보통신부의 ICT 연구개발 기술분류체계(정보통신 및 방송 연구개발 관리규정 제14조
제1항)에 따라 분류하였으며, 각 요소기술의 상위 중분류체계는 다음과 같다.[24]

기술대분류	기술중분류	요소기술
이동통신	이동통신시스템	· 근거리통신(Wifi, NFC 등), IoT통신, 기타 유무선통신
기반소프트웨어 컴퓨팅	빅데이터	· 지하매설물 공간 데이터, 선박, 건강, 기상, 교통 데이터 분석, 시맨틱 기반 지능적 사물 검색/추천
	지능형소프트웨어	· 영상인식, 영상분석, 음성인식, 바이오인식, 음성안내장치
	휴먼미래컴퓨팅	· 웨어러블 태그, 스마트밴드 컴퓨팅, 인공신경망 알고리즘
	클라우드	· 컴퓨터 자원 가상화, 클라우스 서비스, 가상 데스크탑 기술 등
네트워크	서비스제어플랫폼	· 스마트인터넷 플랫폼, 분산 클라우드 플랫폼, 개방형 플랫폼 등
	인터넷모듈부품	· 네트워크 모듈부품, 디지털 조명기술
	인프라	· 코어망, 전송망, 유무선 액세스망, 융합인프라
정보보호	인증/보안	· 암호, 인증, 무선보안, 스마트기기 보안, 방화벽
GPS	GPS	· 위치인식, 위치측위
디바이스	비콘	· 안심태그 비콘, 실내 비콘
	모바일	· 모바일 어플리케이션, 스마트폰 단말기
	디스플레이	· 디스플레이 패널, 디밍 기술
	베터리	· 전기충전, 축전
디지털컨텐츠	스마트컨텐츠	· 컨텐츠 분석, 상황인지 컨텐츠, 동작인식, 가상현실
영상	영상	· 카메라, CCTV
스마트서비스 (IoT센싱 포함)	센서	· 광 및 모션센서, 온도 습도, 자외선, 미세먼지 빗물 센서, 레이더, 융합 초연결장치, 센싱디바이스, IoT기반 전자정보 수집 장치
	스마트서비스플랫폼	· 스마트홈 허브, 미들웨어 클라우드, 스마트스크린, 소셜서비스, 스마트홈 네트워크 등
인터페이스	인터페이스	· 정보처리, 변환, 저장, 프로세스관리, 제어
서비스 고유기술	서비스고유기술	· 압축 쓰레기통, 미세안개분무장치, BEMS 등

그림 105 스마트시티 서비스 분류

---

24) 중소기업 전략기술로드맵 2019-2021 스마트시티

이중 가장 높은 빈도로 적용된 상위 기술은 센서 기술, GPS기술, 이동통신시스템 기술, CCTV 기술, 서비스 제어 플랫폼 기술, 빅데이터 기술, 카메라 기술, 인터넷 모듈 부품 기술, 모바일 기술 등인 것으로 나타났다.

센싱 기술은 IoT 기술의 필수적 요소로써, 도시 내 관리 공간 및 인프라 기반시설에서 실시간 변화 상황을 파악하기 위한 방안으로 활용되는 스마트시티 서비스에서 다른 기술군보다 활용 및 적용 가능성이 높으며, GPS와 이동통신시스템 역시 스마트시티 서비스 구현에 있어 필수적인 요소로 파악된다.

6

결론

6. 결론

도시는 1차, 2차, 3차 산업혁명을 거치며 커뮤니티를 넘어 모든 기술의 인프라가 집중되는 집합체로 변신했다. 이 과정에서 스마트시티는 파생되는 다양한 도시 문제를 해결하고 초연결의 기술적 혜택을 빠르게 체화하는 방법론을 구사하고 있다. 국가는 이를 정책적으로 육성하고 각 기업들은 이에 걸맞는 솔루션들을 내놓고 있다.

UN(국제 연합)은 전 세계 인구의 55%가 현재 도시에 거주하고 있으며, 2050년에는 지구촌의 도시인구 비율이 68%에 이를 것으로 전망했다. 도시는 이 같은 성장을 지원할 스마트 솔루션이 필요하며 스마트 기술과 스마트 전략으로 도시는 시민들의 삶의 질을 향상시키고, 글로벌 무대에서 리더로 부상할 수 있다.

방향성은 정해졌다. 스마트홈의 시대를 거치며 주체를 중심으로 각각의 객체들이 일종의 생태계를 창출하는 방식을 마련하면, 이를 점진적으로 오프라인의 외적인 공간으로 확장시키는 방식이다. 자율주행차와 드론, 여기에 다양한 센싱 기능이 스마트시티의 사용자 경험을 비약적으로 확대시키는 역할을 맡게 된다. 비정형까지 아우르는 방대한 데이터를 확보하고 인공지능까지 동원한 큐레이션 고도화도 필요하다. 필요한 상황과 정보에 맞는 점진적 예측 시스템도 스마트시티의 비전 중 하나다.

이러한 스마트시티의 비전은 현실성이 있는 것일까? 도시 인구 급증과 이에 따른 경제활동 집중으로 발생하는 부작용을 최소화하고, 거주민 삶의 질 향상과 지속적으로 유지 가능한 경제발전을 이룰 수 있는 마법의 도구지만 의외로 단기간에 성과를 내기 어렵다는 것이 중론이다. 더불어 완전히 새롭게 탄생하는 계획도시가 아닌 이상 기존 도시 인프라와 적절하게 연결하는 점도 고민해야 한다. 개방형 표준 기반 플랫폼의 대응도 고민해야 하며 새로운 서비스와 단말기를 시의 적절하게 녹여낼 수 있다는 점도 증명해야 한다.

이미 전 세계의 수많은 지역에서 보다 스마트한 도시로의 전환이 나타나고 있고 한 조사에 따르면 2019년에서 2025년 사이 글로벌 스마트 시티 시장의 복합 연간 성장률은 18.9% 및 $2,376억 달러에 이를 것이라고 한다. 향후 우리는 수 년 동안 많은 새로운 스마트 시티와 혁신이 등장하는 것을 보게 될 것이다.

그간의 국내 스마트시티 조성사업은 지자체 대상의 플랫폼 확산과 스마트 솔루션 접목을 중심으로 추진되어, 시장 활성화에는 한계가 있었다. 지자체와 기업 간의 수요-공급 매칭이 쉽지 않고, 다수 기업도 공공 발주사업의 시행자로서 수동적인 입장에서 참여하는 상황이기 때문이다.

규제개선 관련해서는 신산업 특례 등 반영 및 자가망 연계 확대 등의 성과도 있었지만, 자율차, 드론, 개인정보 등 공유차량, 신재생에너지 등 혁신 서비스에 걸림돌이될 만한 규제를 빠른 속도로 해소하기는 한계가 있고, 발주방식 개선 등 민간의 요구과제도 남아있다.

한국은 다수의 신도시 개발 경험과 우수한 ICT기술을 강점인 만큼, 적극적 해외 진출로 스마트시티 시장 선점이 필요하다. 최근 저유가 상황 등으로 부진한 해외건설 수주실적을 만회하기 위해, 기존의 전통적 도시·인프라 수출 전략에 대한 재편도 요구된다. 이에 패키지형 도시 수출과 개별 스마트 솔루션 수출을 체계적으로 지원할 수 있는 스마트시티 해외진출 종합 지원방안 마련이 필요할 것으로 보인다.

스마트시티는 여러 ICT 기술이 집약되어 있어 하나의 기업이 독자적으로 진행할 수없는 분야이다. 한국은 과거 U-City 실증 사례와 경험을 가지고 있고 세계 최초로5G를 상용화한 기술 기반을 가지고 있다. 관련 기술력을 가진 업체와 정부가 통합 플랫폼을 구축하고 국내를 넘어 글로벌 시장에 진출할 수 있도록 모두 힘을 모아야 하는 시점이다.

—

참고문헌

7. 참고문헌

- Greater London Authority, "Smarter London Together," 2018
- IESE, "IESE Cities in Motion Index 2019," IESE Business School University of Navarra, 2019
- Sidewalk Labs, "Toronto Tomorrow, A New Approach for Inclusive Growth: Overview," 2019
- 국토교통부, 「제3차 스마트도시 종합계획 2019~2023」, 국토교통부, 2019
- 김규연, 「미국의 스마트시티 지원 정책 및 시사점」, 『이슈분석』제742호, 산은조사월보, 2017
- 김익회, 「뉴욕, 데이터 중심 스마트시티」, 『국토』 제443호, 국토연구원, 2018
- 김익회, 이재용, 서연미, 이정찬, 정미애, 김부연, 「스마트도시의 혁신생태계 활성화 방안 연구」, 국토연구원, 2019
- 노수연, 김성옥, 「항저우시의 스마트도시 건설 메커니즘 연구」, 『중국과 중국학』32호: 57-86, 2017
- 박도휘, 강민영, 이명구, 박문구, 「데이터 중심의 도시 운영 Data-Driven 스마트시티를 주목하라」, 『Issue Monitor』제103호, 삼정KPMG 경제연구원, 2019
- 박형일, 김형진, 송진호, 황정환, 「한국형 스마트시티 개발사업 금융방안 연구-인도 "100 Smart Cities" 개발사업을 중심으로」, 『산은조사월보』제752호, KDB미래전략연구소, 2018
- 신현규, 이광재, 「도시 이후의 도시」, 매일경제신문사, 2019
- 이근, 김호원, 김부용, 김욱, 김준연, 노성호, 노수연, 박태영, 송원진, 오철, 임지선, 최준용, 「미래산업 전략 보고서」, 21세기북스, 2018
- 이면성, 「해외 스마트시티 주요사례 분석(지능정보기술, 시민주도, 데이터 활용 중심)」, 『이슈리포트』, 2018-제41호, 정보통신산업진흥원, 2018
- 이재용, 「국내외 스마트시티의 동향과 시사점」, 『국토』 제445호, 국토연구원, 2018
- 이재용, 이미영, 이정찬, 김익회, 이성원, 제갈영, 「스마트시티 유형에 따른 전략적 대응방안 연구」, 국토연구원, 2018
- 장지인, 송애정, 박주현, 「스마트도시의 국내외 사례 및 법·제도 개선방안 연구」, 『NARS 정책연구용역보고서』, 국회입법조사처, 2017
- 황건욱, 「스마트시티」, 『KISTEP 기술동향브리프』2018-12호, 한국과학기술기획평가원, 2018
- 서울특별시, 시민의 삶을 바꾸는 스마트시티 서울 추진 계획, 2019.3
- 국토 교통부, 스마트 시티 해외진출 활성화 방안, 2019.7.8
- 국토 교통부, 제3차 스마트도시 종합 계획, 2019.6.21
- 온나라 정책 연구, 스마트시티 산업 활성화 및 해외진출을 위한 인력양성 방안 연구, 2018.11

- IRS Global, ICT/정보통신 세계 스마트시티 시장 동향과 전망
- 해외리포트, 바르셀로나의 창조도시 전략과 시사점
- smart city Korea
- KOTI, 스마트시티와 교통부문 대응전략
- 글로벌리포트, 스마트시티 준비가이드
- 중소기업 전략기술로드맵 2019-2021 스마트시티
- 정책리포트, 4차 산업혁명시대 스마트시티 서울의 비전과 실현전략
- 일간경기, 미래형 도시 '스마트시티'..'스마트시티' 더 나은 도시를 만들다.
- 국토교통부, 제3 차 스마트도시 종합계획 2019-2023

초판 1쇄 인쇄 2021년 7월 02일
초판 1쇄 발행 2021년 7월 05일
개정판 발행 2023년 1월 09일

편저 비피기술거래 비피제이기술거래
펴낸곳 비티타임즈
발행자번호 959406
주소 전북 전주시 서신동 780-2
대표전화 063 277 3557
팩스 063 277 3558
이메일 bpj3558@naver.com
ISBN 979-11-6345-405-2(93540)
가격 66,000원

이 도서의 국립중앙도서관 출판예정도서목록(CIP)은 서지정보유통지원시스템홈페이지
(http://seoji.nl.go.kr)와국가자료공동목록시스템 (http://www.nl.go.kr/kolisnet)에서 이용하실 수 있습
니다.